"十二五"国家重点图书出版规划项目

第一次全国水利普查成果丛书

河湖开发治理保护情况普查报告

《第一次全国水利普查成果丛书》编委会 编

中国水利水电出版社
www.waterpub.com.cn
·北京·

内 容 提 要

本书系《第一次全国水利普查成果丛书》之一，系统全面地介绍了第一次全国水利普查关于河湖开发治理保护情况普查的方法与主要成果，包括河湖取水口情况、地表水水源地情况、江河治理情况和入河湖排污口情况等内容。

本书内容及数据权威、准确、客观，可供水利、农业、国土资源、环境、气象、交通等行业从事规划设计、建设管理、科研生产的各级政府人士、专家、学者和技术人员阅读使用，也可供相关专业大专院校师生及其他社会公众参考使用。

图书在版编目（ＣＩＰ）数据

河湖开发治理保护情况普查报告 / 《第一次全国水利普查成果丛书》编委会编. -- 北京 : 中国水利水电出版社，2017.1
（第一次全国水利普查成果丛书）
ISBN 978-7-5170-4634-9

Ⅰ. ①河… Ⅱ. ①第… Ⅲ. ①河流－综合治理－水利调查－调查报告－中国②湖泊－综合治理－水利调查－调查报告－中国 Ⅳ. ①TV211

中国版本图书馆CIP数据核字(2016)第200460号

审图号：GS（2016）2553号
地图制作：国信司南（北京）地理信息技术有限公司
国家基础地理信息中心

书 名	第一次全国水利普查成果丛书 **河湖开发治理保护情况普查报告** HEHU KAIFA ZHILI BAOHU QINGKUANG PUCHA BAOGAO	
作 者	《第一次全国水利普查成果丛书》编委会　编	
出版发行	中国水利水电出版社 （北京市海淀区玉渊潭南路 1 号 D 座　100038） 网址：www.waterpub.com.cn E-mail：sales@waterpub.com.cn 电话：(010) 68367658（营销中心）	
经 售	北京科水图书销售中心（零售） 电话：(010) 88383994、63202643、68545874 全国各地新华书店和相关出版物销售网点	
排 版	中国水利水电出版社微机排版中心	
印 刷	北京博图彩色印刷有限公司	
规 格	184mm×260mm　16 开本　13.75 印张　254 千字	
版 次	2017 年 1 月第 1 版　2017 年 1 月第 1 次印刷	
印 数	0001—2300 册	
定 价	**85.00 元**	

《第一次全国水利普查成果丛书》
编 委 会

主 任 陈 雷 马建堂

副主任 矫 勇 周学文 鲜祖德

成 员 （以姓氏笔画为序）

于琪洋	王爱国	牛崇桓	邓 坚	田中兴
邢援越	乔世珊	刘 震	刘伟平	刘建明
刘勇绪	汤鑫华	孙继昌	李仰斌	李原园
杨得瑞	吴 强	吴文庆	陈东明	陈明忠
陈庚寅	庞进武	胡昌支	段 虹	侯京民
祖雷鸣	顾斌杰	高 波	郭孟卓	郭索彦
黄 河	韩振中	赫崇成	蔡 阳	蔡建元

本书编委会

主　　编　刘伟平

副主编　黄火键　吕红波　陈宝中　杜国志

编写人员　徐　震　李志华　魏　辰　汪学全
　　　　　李有起　俞云飞　张继昌　张象明
　　　　　孙振刚　郭英卓　王成言　曹　阳
　　　　　田　英　邱　冰　衣秀勇　任双立
　　　　　果有娜　王　童　焦　莹　吕勋博
　　　　　赵文婧　赵志才　梁学玉　孙天青
　　　　　张育德

前　言

　　遵照《国务院关于开展第一次全国水利普查的通知》（国发〔2010〕4号）的要求，2010—2012年我国开展了第一次全国水利普查（以下简称"普查"）。普查的标准时点为2011年12月31日，时期资料为2011年度；普查的对象是我国境内（未含香港特别行政区、澳门特别行政区和台湾省）所有河流湖泊、水利工程、水利机构以及重点社会经济取用水户。

　　第一次全国水利普查是一项重大的国情国力调查，是国家资源环境调查的重要组成部分。普查基于最新的国家基础测绘信息和遥感影像数据，综合运用社会经济调查和资源环境调查的先进技术与方法，系统开展了水利领域的各项具体工作，全面查清了我国河湖水系和水土流失的基本情况，查明了水利基础设施的数量、规模和行业能力状况，摸清了我国水资源开发、利用、治理、保护等方面的情况，掌握了水利行业能力建设的状况，形成了基于空间地理信息系统、客观反映我国水情特点、全面系统描述我国水治理状况的国家基础水信息平台。通过普查，摸清了我国水利家底，填补了重大国情国力信息空白，完善了国家资源环境和基础设施等方面的基础信息体系。普查成果为客观评价我国水情及其演变形势，准确判断水利发展状况，科学分析江河湖泊开发治理和保护状况，客观评价我国的水问题，深入研究我国水安全保障程度等提供了翔实、全面、系统的资料，为社会各界了解我国基本水情特点提供了丰富的信息，为完善治水方略、全面谋划水利改革发展、科学制定国民经济和社会发展规划、推进生态文明建设等工作提供了科学可靠的决策依据。

　　为实现普查成果共享，更好地方便全社会查阅、使用和应用普查成果，水利部、国家统计局组织编制了《第一次全国水利普查成果丛书》。本套丛书包括《全国水利普查综合报告》《河湖基本情况普查报告》《水利工程基本情况普查报告》《经济社会用水情况调查报告》《河湖开发治理保护情况普查报告》《水土保持情况普查报告》《水利行业能力情况普查报告》《灌区基本情况普查报告》《地下水取水井基本情况普查报告》和《全国水利普查数据汇编》，共10册。

本书是《第一次全国水利普查成果丛书》之一，全面介绍了我国河湖取水口、地表水水源地、江河治理和入河湖排污口等情况。全书共分五章：第一章为概述，主要介绍本次普查的目标任务、普查内容和技术路线等；第二章为河湖取水口，主要介绍我国河湖取水口数量与分布、取水量与取水能力、重点区域取水口分布、取水管理情况等；第三章为地表水水源地，主要介绍水源地数量与供水情况、重点区域水源地情况等；第四章为江河治理情况，主要介绍我国江河治理的总体情况、区域分布、主要河流治理情况，以及中小河流治理情况等；第五章为入河湖排污口，主要介绍入河湖排污口规模特点、废污水来源情况、区域分布情况等。本书所使用的计量单位，主要采用国际单位制单位和我国法定计量单位，小部分沿用水利统计惯用单位。部分因单位取舍不同而产生的数据合计数或相对数计算误差未进行机械调整。

本书在编写过程中得到了许多专家和普查人员的指导与帮助，在此表示衷心的感谢！由于作者水平有限，书中难免存在疏漏，敬请批评指正。

编者

2015 年 10 月

目 录

第一章 概　述

河湖开发治理保护情况普查主要包括河湖取水口❶、地表水水源地❶、江河治理情况❶、入河湖排污口❶等内容。本章主要介绍了第一次全国水利普查（以下简称普查）工作中河湖开发治理保护情况普查的目标与任务、对象与内容、普查组织与方法，以及主要普查成果等内容。

第一节　普查目标与任务

河湖开发治理保护情况普查的目标是查清中华人民共和国境内（未含香港、澳门特别行政区和台湾省）的河流湖泊开发利用情况、河湖治理情况，以及地表水水源地状况和入河湖排污口情况，真实反映流域和区域经济社会发展对水资源的需求情况、河湖防洪能力以及水环境保护状况。

普查任务包括四个方面：一是普查河湖开发情况，查清河湖沿岸取水工程及其取水量与取水用途等，掌握河湖水资源的利用状况和取水口的分布情况；二是普查地表水水源地状况，查清全国地表水水源地位置、规模、供水量和供水用途等，掌握各地水源地建设与保护情况；三是普查河湖治理情况，查清河流湖泊的防洪任务、治理及达标情况，了解河湖防洪安全保障程度；四是普查入河湖排污口情况，查清主要入河湖排污口的位置、规模、数量分布及排污等情况。

第二节　普查对象与内容

一、河湖取水口

（一）普查范围

河湖取水口指利用取水工程从河流（含河流上的水库）、湖泊上取水，向河道外供水（包括工农业生产、居民生活、生态环境等用水）的取水口门。本

---

❶　名词解释及说明见附录 A。

次普查范围为江河湖库上的所有取水口，区分规模以上（农业取水流量 0.20m³/s 及以上和其他用途年取水量 15 万 m³ 及以上）和规模以下河湖取水口分别普查。

（二）主要普查内容

规模以上取水口主要普查内容包括取水口名称、位置、取水方式、取水水源与取水工程等基本情况，取水能力、主要取水用途、2011 年取水量、供水人口、灌溉面积等取水情况，取水单位、取水许可等管理情况。规模以下河湖取水口主要普查内容包括取水口名称、位置、主要取水用途、2011 年取水量、供水人口、灌溉面积等。本次普查对河湖取水口普查共设置了 2 张普查表，按照规模分别填报规模以上取水口普查表和规模以下取水口普查表。

（三）有关概念与规定

1. 河湖取水口范围界定

本次普查不包含灌区内渠道上的取水口、独立坑塘（不在河流上的塘坝、坑塘等）上的取水口、注入式平原水库的取水口、不在河流上且取水量较小的山泉取水口，以及移动泵机（或泵船）取水等。普查范围示意见图 1-2-1。

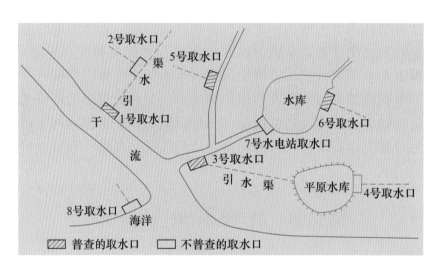

图 1-2-1　河湖取水口普查范围示意图

一些引调水关系复杂地区、平原及平原河网区等区域的河湖水量，既有自产水，又有区域外引调的客水，存在取水口取水量的重复或部分重复计入问题，本次普查通过设置取水口取水量重复系数（指该取水口 2011 年取水量中重复水量所占比例），在基层登记台账管理系统自动扣除重复水量。典型取水口水量重复情况见图 1-2-2。

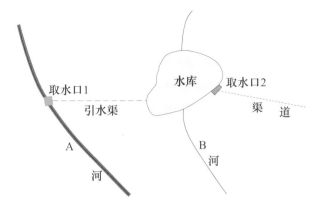

图 1-2-2　典型取水口水量重复情况示意图

注：图中 A 河向 B 河中的水库调水，取水口 1 与取水口 2 存在水量重复，
在取水口 2 中设定"取水量重复系数"，扣除重复水量。

2.取水口分类

本次普查的河湖取水口，按取水方式分为自流和抽提两种取水方式。自流指没有动力设备直接通过引水闸涵或引水渠从河湖（水库）引水的取水方式；抽提是指通过动力设备、利用水力机械从河湖（水库）提水的取水方式。典型取水口见图 1-2-3。

（a）罗岙水库取水口

（b）扬州万福源水厂取水口

（c）咸宁长江引水取水口

（d）鸭河口灌区取水口

图 1-2-3　典型取水口实景图

二、地表水水源地

（一）普查范围

地表水水源地指为向城乡生活和工业供水而划定的地表水水源区域，包括河流型、湖泊型和水库型水源地。地表水水源地普查范围为所有向城镇集中供水的地表水饮用水水源地，以及向乡村集中供水且供水规模为供水人口 1 万人及以上或日供水量 1000m³ 及以上的地表水饮用水水源地。

（二）主要普查内容

地表水水源地主要普查内容包括水源地名称、位置、取水水源类型及名称、水源地水质监测及达标情况、水源地保护区划分情况等基本情况，供水用途、供水人口、供水城镇、供水规模、2011 年供水量等开发利用情况，水源地管理单位及所属行业等管理情况。

（三）有关概念与规定

（1）本次地表水水源地普查包含利用泉水作为水源的饮用水水源地。

（2）向城镇集中供水的地表水饮用水水源地，其城镇界定按照国家统计局《统计上划分城乡的规定》（国务院于 2008 年 7 月 12 日以国函〔2008〕60 号批复）进行。城镇是指在我国市镇建制和行政区划的基础上划定的区域，城镇包括城区和镇区。城区是指在市辖区和不设区的市中划定的区域。城区包括：①街道办事处所辖的居民委员会地域；②城市公共设施、居住设施等连接到的其他居民委员会地域和村民委员会地域。镇区是指在城区以外的镇和其他区域中划定的区域。镇区包括：①镇所辖的居民委员会地域；②镇的公共设施、居住设施等连接到的村民委员会地域；③常住人口在 3000 人以上独立的工矿区、开发区、科研单位、大专院校、农场、林场等特殊区域。乡村是指城镇以外的其他区域。典型水源地见图 1－2－4、图 1－2－5。

图 1－2－4　广西邕江上某饮用水水源地　　图 1－2－5　苏州市吴中区金庭镇饮用水水源地

三、河湖治理保护情况

（一）普查范围

河湖治理保护是指采取各种治理防护措施，改善河湖边界条件和水流流态，以适应人类各种需求和保护生态改善环境的行为。河湖治理防护工程主要包括河湖堤防加固工程、清淤疏浚工程、整治控导及防护工程、生态保护工程等。

河流治理保护情况普查范围为流域面积 100km² 及以上的所有河流，湖泊治理保护情况普查范围为常年水面面积 10km² 及以上的所有湖泊，重点普查具有防洪任务的河流湖泊治理情况。本次普查的河流和湖泊主要依据河湖基本情况普查的 100km² 及以上河流名录和常年水面面积 10km² 及以上湖泊名录确定。

（二）主要普查内容

河流治理保护情况主要普查内容包括河流名称、河段长度、存在的主要防洪问题及治理规划等基本情况，规划防洪标准、有防洪任务河段长度、已治理河段长度、治理河段达标长度、未治理河段长度等河流治理情况，水功能区划定、水功能区类别及各类别长度及管理单位，隶属关系等情况。

湖泊治理保护情况主要普查内容包括湖泊名称、现状存在的主要问题等基本情况，已采取的治理措施、环湖堤防总长度及防洪标准、湖区内圩垸圩堤、湖区内总耕地面积及总人口等湖泊治理及保护情况，湖泊水功能区类别及面积、管理单位及其隶属关系等情况。

四、入河湖排污口

（一）普查范围

入河湖排污口是指直接或者通过沟、渠、管道等设施向河流（含河流上的水库）、湖泊排放污水的排污口门。本次普查范围为江河湖库上的所有入河湖排污口。区分规模以上（即入河湖废污水量为 300t/d 及以上或 10 万 t/a 及以上）和规模以下入河湖排污口，分别进行普查。

（二）主要普查内容

规模以上入河湖排污口主要普查内容包括排污口名称、位置、排入水域水功能区情况等基本情况，入河湖排污口登记或许可等管理情况，污水主要来源、排污方式等入河湖排污情况。规模以下入河湖排污口仅调查排污口的名称、位置、所在河湖、管理单位等情况。

（三）有关概念与规定

1. 入河湖排污口范围界定

（1）本次普查不包括排入不与河湖联系的独立坑塘上的排污口、沿河湖住户直接排入河湖的小型、简易、分散的生活排污口。

（2）城市"雨污分流"中的雨水排放系统入河湖排放口、农田沥水及涝水、退水排放口、未作为排污用的截洪和导洪、撇洪沟汇入口、用于景观补水的中水排放口，不作为入河湖排污口普查。

（3）本次不普查排入灌区渠道内的排污口。

2. 排污方式

根据污水排放是否有动力机械协助，将排污方式分为自流、抽排两类。自流是指污水不需要动力机械的帮助，可以依靠自身的势能流入河湖（水库），包括明渠、暗管、涵闸、潜没四种方式。抽排是指污水由水泵、机电设备及配套建筑物组成的提水设施进行抽排入河湖，如抽水站、扬水站等。典型排污口见图 1-2-6～图 1-2-9。

图 1-2-6　明渠排污口

图 1-2-7　暗管排污口（敷设深度较小）

图 1-2-8　暗管排污口（敷设深度较大）

图 1-2-9　涵闸排污口

第三节　普查组织与方法

一、普查组织与实施

普查按照"全国统一领导、部门分工协作、地方分级负责、各方共同参与"的原则组织实施。河湖开发治理保护情况普查是在第一次全国水利普查领导小组及办公室的统一组织领导下，通过国家、流域、省、地、县等5级水利普查机构的努力共同完成。

本次普查为期3年，从2010年1月至2012年12月，普查时点为2011年12月31日，普查时期为2011年度。总体上分为前期准备阶段、清查登记阶段、填表上报阶段和成果发布四个阶段。2010年为前期准备阶段，主要进行河湖开发治理保护情况普查方案设计，制定普查实施方案、相关技术规定等普查技术文件，搜集整理有关基础资料，并开展了普查试点。2011年为清查登记阶段，主要开展河湖取水口、地表水水源地、河湖治理措施、入河湖排污口等普查对象清查工作，逐级开展清查名录汇总审核，建立清查对象名录库；开展普查数据采集工作，对全国94493个河湖取水口建立取水量台账。2012年为填表上报和成果发布阶段，主要开展普查表填报工作，经逐级审核、汇总归并、系统平衡与集成，形成全国河湖开发治理保护情况普查成果，开展普查数据事后质量抽查工作，进行普查数据质量评估等。

二、普查单元与分区

河湖开发治理保护情况普查以县级行政区为组织工作单元，按照"在地原则"，组织开展对象清查及普查工作，填报清查表和普查表，进行数据审核、汇总和上报。根据县域内普查对象的数量、分布及特点，确定普查对象的最小普查分区。其中地表水水源地、河流治理情况以县级行政区套河流为最小普查分区，河湖取水口、入河湖排污口以乡镇为最小分区。跨行政区的界河段河流治理情况普查表由河流右岸（指面向河流下游方向）所在县级行政区普查机构负责组织填报。

三、总体技术路线

河湖开发治理保护情况普查总体技术路线为通过档案查阅、实地访问、现场查勘、分析推算、遥感影像分析等方法，按照"在地原则"，基于河湖基本情况普查生成的河湖名录，以县级行政区为组织工作单元，对普查对象进行清查、登记和建档，编制普查对象名录；按照"谁管理、谁填报"的原则确定普查表的填报单位，详细获取普查数据，填报普查表，逐级进行普查数据审核、汇总、平衡、上报，形成全国河湖开发治理保护情况普查成果。普查技术路线框图见图1-3-1。

本次河湖开发治理保护情况普查包含普查对象清查、数据获取、普查表填报、数据审核和数据汇总五个环节，每个普查环节包含相应的普查方法与技术路线，具体如下。

（一）对象清查

清查登记工作的目的是为了摸清普查范围河流湖泊的开发治理任务、河湖取水口、地表水水源地、河流治理措施、入河湖排污口的名称、位置及管理单位等基本信息，并填表登记上报，形成各对象基本名录底册，以确定普查对象和普查表填报单位、填报方式，确保普查对象不重不漏，为普查表发放、动态指标台账建设等各项普查工作奠定基础。

在普查开展之前，首先对普查对象进行清查登记，按"在地原则"，根据取水许可及入河湖排污口管理等有关资料情况，针对普查对象的特点，县级普查机构划分普查单元，对河湖取水口、地表水水源地、河湖治理措施、入河湖排污口进行清查，摸清其位置、数量、规模、隶属关系等基本信息，填报清查表，提出县级行政区内的河湖取水口、地表水水源地、治理保护河流（河段）、湖泊、入河湖排污口普查名录。逐级审核、检查清查名录，形成清查名录汇总成果。

治理保护河流（河段）与湖泊清查采取以内业为主的方式，依据普查工作底图和河湖名录进行清查。县级普查机构依据普查工作底图、河湖名录和县域内河流湖泊管理情况，对县域内普查范围的所有河流湖泊进行清查登记，界河段（国际界河除外）清查由河流右岸（指面向河流下游方向）所在县级行政区的普查机构负责，左岸的县级普查机构不进行清查登记。

河湖取水口清查内容主要包括取水口名称、位置、所在河湖（水库）、取水流量、最大年取水量、取水单位及隶属关系等；地表水水源地清查内容包括水源地名称、所在河湖（水库）、管理单位及隶属关系；入河湖排污口清查内容包括排污口名称、位置、入河湖废污水排放规模、管理单位及隶属关系等；河流治理保护情况清查内容包括河流（河段）名称、河段长度、河段位置、管理单位等；湖泊治理保护情况清查内容包括湖泊名称及管理单位等。

（二）数据获取

普查指标分为静态指标和动态指标，静态指标主要包括4类普查对象中的基本情况、取水许可情况、河流治理情况、水功能区情况、管理情况等在普查

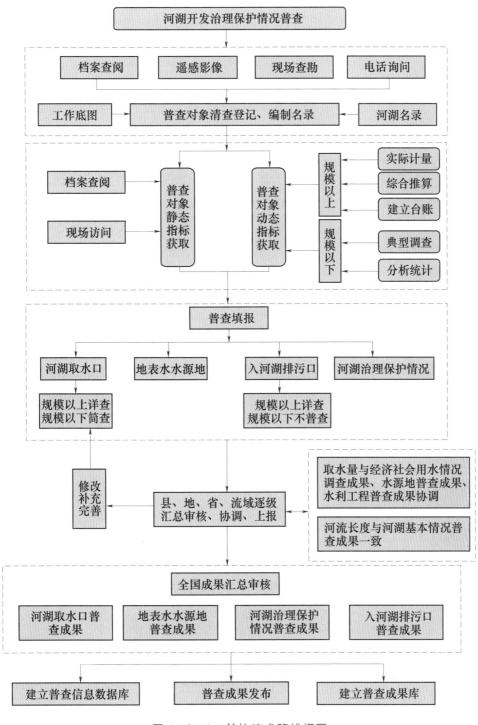

图 1－3－1 总体技术路线框图

时段内一般不发生变化的指标；动态指标主要包括取水口取水量、地表水水源地供水量等逐年变动的指标。

1. 静态数据获取

静态指标主要采取档案查阅、实地访问、底图量算等方式获取数据，以普查时点前最新资料为准。其中，河湖取水口、地表水水源地、入河湖排污口、河流治理情况所在河湖信息，依据河湖基本情况普查的河湖名录填报。

（1）档案查阅。通过查阅普查对象的规划设计报告、主管部门批复文件、运行管理文件以及其他相关档案或资料，获取普查数据。本次普查大部分静态指标采用档案查阅方式获取。

（2）实地访问。通过实地走访普查对象，查看普查对象实际状况，现场询问普查对象或管理人员，获取普查数据。

（3）底图量算。河流湖泊治理保护情况治理长度、湖堤长度等指标，由省级普查机构组织相关单位，基于河湖基本情况普查的河流水系底图，采用 GIS 方法，复核量算。调查河流湖泊现状治理情况，结合河流湖泊治理相关规划设计、施工、验收等资料，填报河流治理长度、达标长度、湖泊堤防长度等指标。

2. 动态数据获取

对于取水口取水量等动态指标，根据普查对象计量情况、工程设施情况、对象规模及重要程度，分别采取计量记录、耗电量法、断面流量估算法、用水定额推算法等方式获取动态数据。

对有计量设施的取水口，按计量记录填报 2011 年取水量；无计量设施的取水口根据实际情况采用耗电量法、断面流量估算法、用水定额法等推算取水量；其中采用定额法推算取水量，依据经济社会用水典型调查的台账数据分析推算的亩❶均毛用水量、居民人均用水量，并逐一调查取水口 2011 年实际灌溉面积和供水人口进行推算。

（1）有计量设施情况。按照计量设备的使用条件、相关技术标准安装计量设施，保证计量设施正常运行，并按照相关规范要求进行量测，获取取水量数据。各类计量设施的记录情况如下：

1）水量计（水表）。分别记录月初月末水表上的数字，得到当月的取水量。

2）量水堰槽（如巴歇尔水槽等）。监测水位（或水深），记录输水时间，根据有关参数计算取水量。

---

❶ 1 亩 ≈ 666.7m²。

3）超声波流量计或电磁流量计。监测流量，记录输水时间，根据有关参数计算取水量。

4）水工建筑物计量。监测水位，通过水位与流量的关系换算成取水量。

（2）无计量设施情况。根据实际情况，按照下述几种方法分析推算取水量。

1）断面流量估算法。对于输水明渠，按照输水时间、水流流速、过流断面推算取水量。

$$取水量＝取水小时×水流流速×过流断面面积×0.36$$

式中：取水量单位为万 m^3；水流流速单位为 m/s；过流断面面积单位为 m^2。

没有测流设施时，采用浮标测流或根据渠道设计资料确定。浮标测流法是一种简单易行的方法，选择较为顺直的渠道，在上游的某一位置放置漂浮物，并记录到达下游某一位置的时间，根据两个位置的距离，可以算出水流的流速，重复几次，计算平均值，并乘以流速系数后，作为断面平均流速。过流测验应选取稳定的典型过流断面，在有代表性的取水时段内进行测流。采用流速仪测流时，测速历时大于 100s。

2）用电量法。使用电力提水设施的取水口如泵站工程，按取水时间、用电量、水泵功率、额定流量等指标推算取水量。

$$取水量＝单位用电量取水量×用电量÷10^4$$

式中：取水量单位为万 m^3；用电量单位为 kW·h；单位用电量的取水量可根据泵站的实际输出功率（可近似采用水泵铭牌上的额定功率）、额定流量、取水条件变化情况分析确定。

3）耗油量法。对用柴油机等内燃机带动水泵取水的取水口，可采用耗油量法推算取水量。公式为

$$取水量＝单位耗油量取水量×耗油量÷10^4$$

式中：取水量单位为万 m^3；耗油量单位为 L。

单位耗油量的取水量由县级普查机构根据已有成果或典型调查结果并经平衡分析校验后综合确定，根据取水设备、流量、扬程分类选取典型进行调查。

4）用水定额法。对于不需要建立取水量台账的河湖取水口，除上述推算方法外，也可以按照用水定额法推算 2011 年取水量。

$$居民生活年取水量＝供水人口×365×居民用水定额÷10^7$$

式中：年取水量单位为万 m^3；供水人口单位为人；用水定额单位为 L/（人·d）。

供水人口为实际供水人口数量，参考有关统计资料中的常住人口数确定。居民用水定额依据经济社会用水调查中的典型调查成果，结合各地区已颁布的用水定额和当地具体情况综合确定。

农业灌溉年取水量＝灌溉面积×综合灌溉定额

式中：年取水量单位为万 m^3；灌溉面积单位为万亩；灌溉定额单位为 $m^3/$亩。

灌溉面积为该取水口 2011 年实际灌溉面积。综合灌溉定额（为毛灌溉定额）为单位灌溉面积的全年总灌溉水量，根据当年灌溉情况综合分析后确定。为准确查清河湖取水口取水量，确保普查数据真实可靠，按照在地原则，由水利普查机构组织有关单位对万亩以上灌区的河湖取水口和年取水量 15 万 m^3 及以上其他用途的河湖取水口建立取水量台账，逐月记录并汇总。

（三）普查表填报

普查表是集中所有普查指标的表式，普查数据获取后，以县级行政区为组织共组单元，分别组织填报规模以上取水口普查表、规模以下取水口普查表、地表水水源地普查表、河湖治理情况普查表和规模以上入河湖排污口普查表，对于县际、地际及省际界河，由河流右岸所在的县级普查机构组织填报河流治理保护情况普查表。

（四）数据审核

普查数据审核是保障数据质量的核心环节，包括普查数据详细审核和汇总数据审核。采用计算机审核与人工审核相结合、全面审核与重点审核相结合、内业审核与外业抽查相结合的方式进行数据审核，综合利用计算机审核、电子底图查证、经验判断、资料比对、地区比对等手段和奇异值分析、抽样推断、平衡分析等方法开展工作。

1. 普查数据详审

逐级对普查数据进行详细审核。内业方面，主要包括表内审核、表间审核、跨专业关联审核等。表内审核指对普查表数据开展的一致性、完整性、合理性及准确性等审核；表间审核指对普查表与清查表、本项普查内容各普查表之间关联指标的一致性、合理性等审核；跨专业关联审核指对不同普查内容的各类关联对象相关指标之间的一致性、合理性等审核。对河湖取水口重点开展取水规模逻辑关系合理性审核，单位用水指标合理性审核，与水库、取水工程、经济社会用水户、灌区等普查对象关联审核；对地表水水源地重点开展供水规模逻辑关系合理性审核，人均供水指标合理性审核，与取水口、公共供水企业等普查对象关联审核；对河湖治理保护情况普查重点开展河湖名录关联审核、河段长度合理性审核，数据指标完整性与合理性审核；对入河湖排污口重点开展废污水量合理性审核、废污水排放系数合理性审核、与用水户关联等详细审核。外业方面，主要是结合事中、事后质量抽查，审核普查数据填报的真实性、准确性。

2. 汇总数据审核

汇总数据审核是普查成果审核的重点，重点审核汇总数据时空分布合理性、关联数据平衡关系、相关成果对比分析。根据各类对象特点，采取汇总数据合理性审核、跨专业汇总数据关联审核、相关资料对比审核等方式逐级开展普查数据汇总审核。对取水口主要采用区域取用水指标对比审核，区域取水指标合理性分析，与水资源公报地表水用水量对比分析，与灌区、工业用水户、火核电企业、水库工程等汇总数据关联审核；对地表水水源地主要采取区域人均供水指标对比审核、合理性分析，与取水口、公共供水企业汇总数据关联审核等；对河湖治理保护汇总数据进行归并审核分析，区域分布合理性分析，与堤防汇总数据关联分析等审核；对入河湖排污口开展区域污水综合排放系数审核、相关资料对比分析审核、区域分布合理性、供排水平衡等审核，综合分析汇总数据的合理性。

（五）数据汇总

1. 汇总方式

普查数据汇总分为水资源分区（详见附录B）、行政分区、重点区域（详见附录C）和按河流水系汇总4种方式。水资源分区汇总是以县级行政区套水资源三级区为基本单元，逐级汇总形成水资源三级区、二级区、一级区的普查成果；行政分区汇总是以基本单元数据为基础，逐级汇总形成县级行政区、地级行政区、省级行政区及全国普查成果；重点区域汇总是以县级普查区为基本单元，汇总形成重要经济区、粮食主产区、重要能源基地等重点区域的普查成果；按河流水系汇总是以流域面积$50km^2$以上河流水系为基本单元，按河流水系关系逐级汇总形成河流干流及流域水系的取水口、排污口、河流治理情况等普查成果。

根据各类普查对象特点，基于普查表和清查表的基础数据，根据管理工作的需要等进行分类汇总。对河湖取水口，按取水口规模、取水水源、取水用途等分类汇总取水口数量、2011年取水量及取水许可情况等指标，并按水资源分区、行政分区、重点区域和河流水系进行汇总；对地表水水源地，按水源地规模、水源类型、水质监测、水质达标等分类汇总水源地数量和2011年供水量等指标，并按水资源分区、行政分区和重点区域进行汇总；对河湖治理保护情况按河湖规模、防洪标准等分类汇总有防洪任务河段、已治理河段、治理达标河段长度、湖堤长度等指标，并按水资源分区、行政分区、重点区域、河流水系进行汇总；对入河湖排污口按污水来源、污水类型、排入水域、排入水功能区等分类汇总排污口数量等指标，并按水资源分区、行政分区、重点区域和河流水系进行汇总。

2. 汇总分区

本次普查成果的汇总分区包括水资源分区、行政分区、《全国主体功能区规划》中确定的重要经济区（城市群）、粮食主产区、重要能源基地及重点生态功能区等重点区域，以及河流水系等。

（1）水资源分区。本次水利普查以县级行政区为组织工作单元进行普查数据的采集、录入和汇总，为满足普查成果按照行政分区和水资源分区汇总要求，利用全国水资源综合规划基于1∶25万地图制作的地级行政区套水资源三级区成果，根据最新的1∶5万国家基础地理信息图，制作形成了1∶5万县级行政区套水资源三级区成果，形成县级行政区套水资源三级区共4188单元，作为普查的基本单元。全国水资源分区概况详见表1-3-1，全国水资源分区表详见附录B，全国水资源分区示意图见附图E1。

表1-3-1　　　　　　　　　　全国水资源分区概况

水资源一级区	水资源二级区
松花江区	额尔古纳河、嫩江、第二松花江、松花江（三岔河口以下）、黑龙江干流、乌苏里江、绥芬河、图们江
辽河区	西辽河、东辽河、辽河干流、浑太河、鸭绿江、东北沿黄渤海诸河
海河区	滦河及冀东沿海、海河北系、海河南系、徒骇马颊河
黄河区	龙羊峡以上、龙羊峡至兰州、兰州至河口镇、河口镇至龙门、龙门至三门峡、三门峡至花园口、花园口以下、内流区
淮河区	淮河上游、淮河中游、淮河下游、沂沭泗河、山东半岛沿海诸河
长江区	金沙江石鼓以上、金沙江石鼓以下、岷沱江、嘉陵江、乌江、宜宾至宜昌、洞庭湖水系、汉江、鄱阳湖水系、宜昌至湖口、湖口以下干流、太湖流域
东南诸河区	钱塘江、浙东诸河、浙南诸河、闽东诸河、闽江、闽南诸河、台澎金马诸河
珠江区	南北盘江、红柳江、郁江、西江、北江、东江、珠江三角洲、韩江及粤东诸河、粤西桂南沿海诸河、海南岛及南海各岛诸河
西南诸河区	红河、澜沧江、怒江及伊洛瓦底江、雅鲁藏布江、藏南诸河、藏西诸河
西北诸河区	内蒙古内陆河、河西内陆河、青海湖水系、柴达木盆地、吐哈盆地小河、阿尔泰山南麓诸河、中亚西亚内陆河区、古尔班通古特荒漠区、天山北麓诸河、塔里木河源、昆仑山北麓小河、塔里木河干流、塔里木盆地荒漠区、羌塘高原内陆区

按气候特性和自然地理条件划分我国南北方范围进行成果统计，南方地区包括长江区、东南诸河区、珠江区和西南诸河区共4个水资源一级区；北方地区包括松花江区、辽河区、海河区、黄河区、淮河区和西北诸河区共6个水资源一级区。

（2）行政分区。本次普查数据按照31个省级行政分区进行汇总；并按自然地理状况、经济社会条件，对东中西部地区进行汇总分析。东中西省级行政区划分：东部省级行政区包括北京、天津、河北、辽宁、山东、上海、江苏、浙江、福建、广东、海南共 11 省（直辖市）；中部省级行政区包括安徽、江西、湖北、湖南、山西、吉林、黑龙江、河南 8 省；西部省级行政区包括广西、内蒙古、四川、重庆、贵州、云南、西藏、陕西、甘肃、青海、宁夏、新疆（含兵团）12 省（自治区、直辖市）。

（3）重点区域。依据《全国主体功能区规划》，根据《全国水中长期供求规划》确定的重要经济区（城市群）、粮食主产区、重要能源基地及重点生态功能区范围，汇总形成了重点区域的普查成果。

1）重要经济区。我国"两横三纵"城市化战略格局，包括环渤海地区、长三角地区、珠三角地区 3 个国家级优化开发区域和冀中南地区、太原城市群等 18 个国家层面重点开发区域。3 大国家级优化开发区域和 18 个国家层面重点开发区域简称为重要经济区，共 27 个重要经济区，涉及 31 个省级行政区、212 个地级行政区和 1754 个县级行政区。全国重要经济区国土面积 284.1 万 km²，占全国总面积的 29.6%；常住人口 9.8 亿人，占全国总人口的 73%；地区生产总值 41.9 万亿元，占全国地区生产总值的 80%。

2）粮食主产区。根据《全国主体功能区规划》确定的"七区二十三带"为主体的农产品主产区中涉及的粮食主产区，结合《全国新增 1000 亿斤粮食生产能力规划（2009—2020 年）》所确定的 800 个粮食增产县，以及《现代农业发展规划（2011—2015 年）》所确定的重要粮食主产区等，综合确定全国粮食主产区范围为"七区十七带"，涉及 26 个省级行政区，221 个地级行政区，共计 898 个粮食主产县。粮食主产区是我国粮食生产的重点区域，担负着我国大部分的粮食生产任务。全国粮食主产区国土面积 273 万 km²，占全国国土总面积的 28%；总耕地面积 10.2 亿亩，约占全国耕地总面积的 56%；总灌溉面积 6.4 亿亩，占全国总灌溉面积的 64%。粮食总产量 4.05 亿 t，占全国粮食总产量的 74.1%。

3）重要能源基地。根据《全国主体功能区规划》确定的我国能源开发总体布局，重点形成山西、鄂尔多斯盆地、西南、东北和新疆"五片一带"的总体格局。为适应能源工业发展和水资源供求状况的新变化，保障国家能源安全，着力解决能源基地水资源安全保障问题，结合国务院批复的相关规划综合确定，全国共划分 5 个片区 17 个重要能源基地，共涉及 11 个省级行政区、55 个地级行政区、257 个县级行政区，担负着我国大部分煤炭、石油等资源的生产开发。全国重要能源基地总面积 101.3 万 km²，占我国国土总面积的 10.5%；常住人口 0.78 亿人，占全国总人口的 5.8%；工业生产总值 4.4 万亿元，占全国工业生产总值的 5％。

重点生态功能区：国家层面限制开发的重点生态功能区是保障国家生态安全的重要区域，是人与自然和谐相处的示范区，以保护和修复生态环境、提供生态产品为首要任务，因地制宜地发展不影响主体功能定位的适宜产业，引导超载人口逐步有序转移。根据《全国主体功能区规划》，国家层面限制开发的重点生态功能区包括大小兴安岭森林生态功能区等 25 个区域，共涉及全国 24 个省（自治区、直辖市），包含 435 个县级行政区。总面积约为 384 万 km²，占全国国土总面积的 39.8％；2011 年年底常住总人口约 1.04 亿人，约占全国总人口的 7.7％。

重点区域基本情况详见附录 C。

（4）河流水系。我国河流水系众多，根据本次河湖基本情况普查成果，全国流域面积 50km² 及以上的河流共 45203 条，其中流域面积 1000km² 及以上的河流 2221 条，流域面积 10000km² 及以上的河流 228 条。本次普查对所有河流上的取水口、排污口及治理情况按河流进行汇总，形成了河流及水系的汇总成果。根据河流特点和重要程度，本书选取了 97 条主要河流❶进行了重点分析。97 条主要河流名录详见附表 D1。

第四节　主要普查成果

全国河湖开发治理保护情况普查对象数量共 786727 个❷（处、条），其中河湖取水口 638816 个，地表水水源地 11656 处，有防洪任务河流 15638 条，入河湖排污口 120617 个。各普查对象主要普查成果如下：

1. 河湖取水口

全国共有河湖取水口 638816 个，其中规模以上取水口 121796 个，规模以下取水口 517020 个，分别占全国河湖取水口总数量的 19.1％和 80.9％；2011 年普查的取水口总取水量为 4551.03 亿 m³，其中规模以上取水口取水量为 3923.41 亿 m³，规模以下取水口为 627.62 亿 m³，分别占全国河湖取水口 2011 年总取水量的 86.2％和 13.8％。

河湖取水口数量与取水量区域分布总体呈现南方多、北方少的格局。南方

---

❶　主要河流选取原则包括：①流域面积 5 万 km² 以上所有河流（不含国际河流）；②对流域或区域防洪减灾水资源开发利用保护中具有重要作用的部分河流，流域面积多在 1 万～5 万 km² 之间；③部分重要的省际河流；④流域机构管理的重要河流。

❷　不包含治理保护湖泊数量。

地区取水口 559888 个，占全国河湖取水口总数量的 87.6％；北方地区取水口 78928 个，占 12.4％。南方地区取水口 2011 年取水量为 2825.81 亿 m³，占全国河湖取水口总取水量的 62.1％；北方地区 2011 年取水量为 1725.22 亿 m³，占 37.9％。

全国河流、湖泊和水库型取水口数量分别为 539912 个、7456 个和 91448 个，分别占河湖取水口总数量的 84.5％、1.2％和 14.3％；河流、湖泊和水库型取水口 2011 年取水量分别为 3445.23 亿 m³、71.61 亿 m³ 和 1034.19 亿 m³，分别占河湖取水口总取水量的 75.7％、1.6％和 22.7％。规模以上取水口中，自流和抽提方式取水口数量分别为 61507 个和 60289 个，所占比例分别为 50.5％和 49.5％，2011 年取水量分别为 2543.02 亿 m³ 和 1380.39 亿 m³，所占比例分别为 64.8％和 35.2％。

河湖取水大部分用于农业灌溉。在 2011 年河湖取水口总取水量中，农业取水量为 3225.26 亿 m³，占 70.9％；非农业取水量为 1325.77 亿 m³，占 29.1％，其中，城乡供水、一般工业、火（核）电和生态环境取水量分别为 564.16 亿 m³、197.35 亿 m³、507.81 亿 m³ 和 56.45 亿 m³，分别占 2011 年河湖取水口总取水量的 12.4％、4.3％、11.2％和 1.2％。

目前，我国河湖取水计量比例总体偏低。规模以上取水口中，安装计量设施的取水口 26015 个，占规模以上取水口总数量的 21.4％，2011 年取水量为 2299.34 亿 m³，占规模以上取水口取水量的 58.6％。其中，安装计量设施的农业取水口共 15142 个，计量的取水量为 1306.03 亿 m³，分别占规模以上农业取水口总数量和总取水量的 14.7％和 49.8％；安装计量设施的非农业取水口共 10873 个，计量的取水量为 993.31 亿 m³，分别占规模以上非农业取水口总数量和总取水量的 57.7％和 76.3％。

2. 地表水水源地

全国共有地表水水源地 11656 处，2011 年总供水量为 595.78 亿 m³。其中，供水规模在 15 万 m³/d 及以上的地表水水源地 349 处，2011 年供水量为 381.60 亿 m³，分别占全国地表水水源地总数量和 2011 年总供水量的 3.0％和 64.0％；供水规模 0.5 万 m³/d 以下的地表水水源地 8058 处，2011 年供水量为 23.58 亿 m³，分别占全国地表水水源地总数量和 2011 年总供水量的 69.1％和 4.0％。供水规模较大的地表水水源地虽然数量较少，但总供水量较大；供水规模较小的水源地数量多且分布广，其总供水量较小。

地表水水源地数量南方明显多于北方。南方地区共有地表水水源地 10070 处，占全国地表水水源地总数量的 86.4％，2011 年供水量为 460.42 亿 m³，占全国地表水水源地 2011 年总供水量的 77.3％；北方地区共有地表水水源地

1586 处，占全国地表水水源地总数量的 13.6％，2011 年供水量 135.36 亿 m³，占全国地表水水源地 2011 年总供水量的 22.7％。

南方地区以河流型水源地为主，北方地区以水库型水源地为主。全国河流型、湖泊型和水库型地表水水源地数量分别为 7104 处、169 处和 4383 处，分别占全国地表水水源地总数量的 60.9％、1.5％和 37.6％，2011 年供水量分别为 338.08 亿 m³、18.84 亿 m³ 和 238.86 亿 m³，分别占全国地表水水源地 2011 年总供水量的 56.7％、3.2％和 40.1％。南方地区河流型、湖泊型和水库型地表水水源地 2011 年供水量分别为 302.17 亿 m³、16.28 亿 m³ 和 141.97 亿 m³，所占比例分别为 65.6％、3.6％和 30.8％；北方地区河流型、湖泊型和水库型地表水水源地 2011 年供水量分别为 35.92 亿 m³、2.56 亿 m³ 和 96.88 亿 m³，所占比例分别为 26.5％、1.9％和 71.6％。

3. 河流治理情况

全国流域面积 100km² 及以上有防洪任务的河流 15638 条，有防洪任务河段总长度 37.39 万 km，占流域面积 100km² 及以上河流总长度的 33.5％。有防洪任务河段长度南方地区为 18.31 万 km，北方地区为 19.08 万 km。

全国有防洪任务的河流中，流域面积 1 万 km² 及以上河流有防洪任务的河段长度为 6.27 万 km，占全国有防洪任务河段总长度的 16.8％；3000（含）～10000km² 的河流有防洪任务的河段长度为 4.07 万 km，占 10.9％；100（含）～3000km² 的河流有防洪任务的河段长度为 22.59 万 km，占 60.4％；平原河流有防洪任务的河段长度为 4.46 万 km，占 11.9％。

全国有防洪任务的河段中，规划防洪标准 50 年一遇及以上河段长度为 2.98 万 km，20 年一遇（含）至 50 年一遇河段长度为 12.56 万 km，20 年一遇以下河段长度为 21.86 万 km，分别占有防洪任务河段总长度的 8.0％、33.5％和 58.5％。

全国已治理河段总长度 12.34 万 km，治理比例（已治理河长占有防洪任务河长比例）33.0％；治理达标河段长度 6.45 万 km，治理达标比例（治理达标河长占已治理河长比例）52.2％。南方地区治理比例 28.7％，治理达标比例 51.6％；北方地区治理比例 37.1％，治理达标比例 52.8％。流域面积较大河流及平原地区重要河流治理及达标比例高于中小河流。流域面积 10000km² 及以上河流干流已治理河段长度为 2.68 万 km，治理比例 42.7％，治理达标河段长度为 1.60 万 km，治理达标比例 59.8％；平原区河流已治理河段长度为 2.89 万 km，治理比例 64.8％，治理河段达标长度为 1.51 万 km，治理达标比例 52.4％；100（含）～3000km² 的中小河流干流已治理河段长度为 5.40 万 km，治理比例 23.9％，治理河段达标长度为 2.63 万 km，治理达标比例48.6%。

4. 入河湖排污口

全国入河湖排污口120617个，其中，规模以上入河湖排污口15489个，占全国入河湖排污口总数量的12.8%，规模以下入河湖排污口105128个，占87.2%。规模以上入河湖排污口中，南方地区为11275个，占72.8%；北方地区为4214个，占27.9%。南方地区排污口数量较多但排污口规模相对较小，北方地区数量较少但排污口规模相对较大；规模以上排污口入河湖废污水量中，南方地区占64.1%，北方地区占35.9%。

规模以上入河湖排污口中，工业企业排污口比例较高。工业企业排污口、生活排污口、城镇污水处理厂、市政排污口和其他排污口数量分别为6878个、3586个、2765个、1591个和669个，分别占规模以上排污口总数量的44.4%、23.2%、17.8%、10.3%和4.3%；其2011年入河湖废污水量分别占规模以上排污口入河湖废污水量的17.7%、9.1%、60.2%、10.1%和2.9%。

第二章 河 湖 取 水 口

江河湖库水资源开发利用主要通过取水口向河道外用水户供水。本章对我国河湖取水口的数量与规模、分布与特点、取水方式、水源类型、取水用途、2011年取水量、取水计量情况等主要指标进行了综合分析。

第一节 总 体 情 况

本次普查全国河湖取水口共638816个，2011年总取水量4551.03亿 m^3。其中规模以上取水口121796个，占取水口总数量的19.1%，2011年取水量3923.41亿 m^3，占全国河湖取水口总取水量的86.2%；规模以下取水口517020个，占取水口总数量的80.9%，2011年取水量627.62亿 m^3，占全国河湖取水口总取水量的13.8%。全国规模以上河湖取水口位置分布示意图见附图E2。

一、取水口数量与取水量

我国区域自然地理状况、河流水系特点、经济社会发展程度差异较大，导致河湖取水口规模相差悬殊。全国共有年取水量5000万 m^3 及以上的河湖取水口1141个，占河湖取水口总数量的0.2%，2011年取水量2181.40亿 m^3，占河湖取水口总取水量的47.9%；年取水量15万 m^3 以下取水口数量441636个，占河湖取水口总数量的69.1%，但2011年取水量为232.43亿 m^3，仅占河湖取水口总取水量的5.1%。呈现规模较大的河湖取水口数量较少，而取水量所占比例较大；规模较小的河湖取水口数量虽多，但取水量所占比例较小的特点。全国不同规模取水口数量和取水量详见表2-1-1。全国年取水量5000万 m^3 及以上河湖取水口位置分布示意图见附图E3。全国河湖取水口密度分布示意图见附图E4。

表 2-1-1　　　　　全国不同规模取水口数量和取水量

取水口规模/ （万 m^3/a）	取水口数量		2011 年取水量	
	数量/个	比例/%	取水量/亿 m^3	比例/%
5000 及以上	1141	0.2	2181.40	47.9
1000（含）～5000	3805	0.6	794.38	17.5

取水口规模/ （万 m³/a）	取水口数量		2011 年取水量	
	数量/个	比例/%	取水量/亿 m³	比例/%
100（含）～1000	29715	4.7	786.54	17.3
15（含）～100	162519	25.4	556.28	12.2
15 以下	441636	69.1	232.43	5.1
全国	638816	100	4551.03	100

二、水源类型与取水方式

1. 水源类型

河湖取水口水源分为河流型、湖泊型和水库型三种类型。本次普查全国河流型、湖泊型和水库型取水口数量分别为 539912 个、7456 个和 91448 个，分别占河湖取水口总数量的 84.5%、1.2% 和 14.3%；河流型、湖泊型和水库型取水口 2011 年取水量分别为 3445.23 亿 m³、71.61 亿 m³ 和 1034.19 亿 m³，分别占河湖取水口总取水量的 75.7%、1.6% 和 22.7%。总体来看，河流是主要取水水源，河流型取水口数量最多，水库型次之，湖泊型最少。全国不同水源类型取水口数量和取水量比例见图 2-1-1 和图 2-1-2。

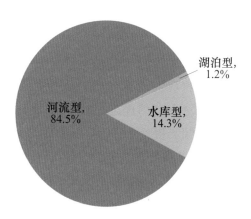

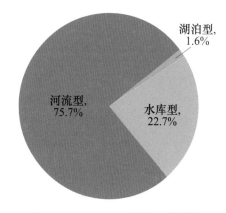

图 2-1-1　全国不同水源类型　　　　图 2-1-2　全国不同水源类型
取水口数量比例　　　　　　　　　取水口取水量比例

2. 取水方式

在我国规模以上取水口中，自流方式取水量所占比例较高，取水规模相对较大。自流和抽提方式取水口数量分别为 61507 个和 60289 个，所占比例分别为 50.5% 和 49.5%，二者数量比例接近；2011 年取水量分别为 2543.02 亿 m³ 和 1380.39 亿 m³，所占比例分别为 64.8% 和 35.2%。

不同水源取水方式存在一定差异，水库取水以自流为主，自流取水口数量

比例为 90.8%，取水量比例为 93.2%；湖泊取水以抽提为主，抽提取水口数
量比例为 72.3%，取水量比例为 57.8%；不同水源类型及抽提取水口数量与
取水量见表 2-1-2。

表 2-1-2　　　　　不同水源类型及抽提取水口数量与取水量

水源类型	取水口数量			2011 年取水量		
	总数量/个	其中抽提取水口		总取水量/亿 m³	其中抽提取水口	
		数量/个	比例/%		取水量/亿 m³	比例/%
全国	121796	60289	49.5	3923.41	1380.39	35.2
河流	85128	54514	64.0	2936.82	1277.74	43.5
湖泊	3784	2736	72.3	69.15	39.99	57.8
水库	32884	3039	9.2	917.44	62.66	6.8

三、取水用途

按取水用途分类，本次普查将取水口取水用途分为农业、城乡供水、一般工
业、火（核）电、生态环境等。农业取水指取水用途为农田灌溉、林、牧、渔业用
水；城乡供水指取水供城镇或乡村水厂，经供水管网供城乡生活、生产、市政等用
水；一般工业取水指取水用途为一般工业（除火电、核电）的生产用水；火（核）
电取水指取水用途主要供火（核）电厂用水；生态环境取水指用于向河道外的生态
补水，如向湖泊、湿地等补水，但不包括一般的市政环境用水，如城市绿化、环卫
用水等。对于多用途取水口，按照其主要取水用途归类统计 2011 年取水量。

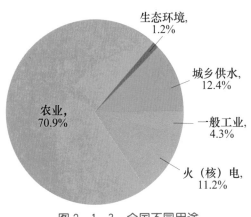

图 2-1-3　全国不同用途
取水口取水量比例

河湖取水用途结构与人口分布、工
业和农业等产业布局、生态环境保护情
况等密切相关。2011 年河湖取水口总取
水量 4551.03 亿 m³ 中，农业取水量为
3225.26 亿 m³，占全国河湖取水口总取水量的 70.9%；非农业取水量为 1325.77
亿 m³，占 29.1%，其中城乡供水、一般工业、火（核）电和生态环境取水量分
别为 564.16 亿 m³、197.35 亿 m³、507.81 亿 m³ 和 56.45 亿 m³。从取水用途结
构看，农业取水占比较高❶。不同用途取水口取水量比例见图 2-1-3。

----

❶　由于取水口普查按主要取水用途进行归类，农业用水中包含了少量其他用途水量，故河湖取水口
农业取水量占比略高于本次经济社会用水调查的全口径农业用水比例。

第二节 分 布 情 况

河湖取水口分布与各地区地形地貌、河流水系及水资源条件、城乡及人口分布、社会经济发展水平等有关。本节主要介绍河湖取水口在水资源一级区和省级行政区的取水口数量与取水量分布规律与特点。

一、水资源一级区

1. 取水口数量与取水量

南方地区[1]取水口 559888 个，占全国河湖取水口总数量的 87.6%；北方地区取水口 78928 个，占全国河湖取水口总数量的 12.4%。水资源一级区中，长江区、珠江区和东南诸河区取水口数量分别为 308464 个、121873 个和 82381 个，分别占全国取水口总数量的 48.3%、19.1% 和 12.9%；西北诸河区、辽河区和海河区河湖取水口数量分别为 3118 个、5386 个和 8638 个，分别占全国取水口总数量的 0.5%、0.8% 和 1.4%。

从 2011 年取水量分布看，南方地区 2011 年取水量为 2825.81 亿 m^3，占全国河湖取水口总取水量的 62.1%；北方地区 2011 年取水量为 1725.22 亿 m^3，占全国河湖取水口总取水量的 37.9%。水资源一级区中，长江区和珠江区取水口数量较多且取水量较大，2011 年取水量分别为 1673.58 亿 m^3 和 770.03 亿 m^3，分别占全国河湖取水口总取水量的 36.8% 和 16.9%；西北诸河区取水口数量较少，但其取水量较大，2011 年取水量为 585.38 亿 m^3，占全国河湖取水口总取水量的 12.9%；辽河区和海河区取水口数量及取水量均较小，2011 年取水量分别为 93.28 亿 m^3 和 86.66 亿 m^3，分别占全国河湖总取水量的 2.0% 和 1.9%。

年取水量大于 5000 万 m^3 的取水口主要分布在长江区、西北诸河区和珠江区，其数量分别为 350 个、219 个和 163 个，2011 年取水量分别占其总取水量的 45.3%、77.3% 和 32.2%。水资源一级区 5000 万 m^3 及以上取水口取水量所占比例见图 2-2-1。

从总体看，南方地区地表水资源相对丰富，河湖取水口数量多且取水量大；北方地区地表水资源相对匮乏，河湖取水口数量较少，取水量相对较小，但取水口规模相对较大。水资源一级区取水口数量和 2011 年取水量详见表 2-2-1 和表 2-2-2。

---

[1] 南方地区：包含长江区（含太湖流域）、东南诸河区、珠江区、西南诸河区 4 个水资源一级区；北方地区：松花江区、辽河区、海河区、黄河区、淮河区、西北诸河区 6 个水资源一级区。

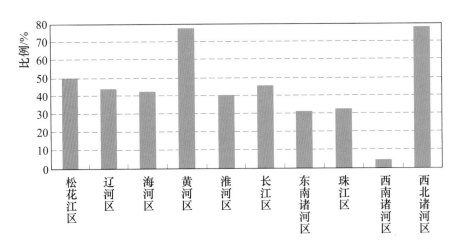

图 2-2-1　水资源一级区 5000 万 m³ 及以上取水口取水量所占比例分布

表 2-2-1　　　　　　　　　　水资源一级区取水口数量

水资源一级区	不同规模取水口数量/个					总数量/个	数量比例/%
	W≥5000	1000≤W<5000	100≤W<1000	15≤W<100	W<15		
全国	1141	3805	29715	162519	441636	638816	100
北方地区	567	1523	7411	19699	49728	78928	12.4
南方地区	574	2282	22304	142820	391908	559888	87.6
松花江区	90	312	1602	2666	4230	8900	1.4
辽河区	35	121	607	1752	2871	5386	0.8
海河区	27	116	582	1591	6322	8638	1.4
黄河区	105	196	963	2412	9764	13440	2.1
淮河区	91	373	2710	10514	25758	39446	6.2
长江区	350	1194	11706	76001	219213	308464	48.3
其中：太湖流域	63	60	710	12924	26518	40275	6.3
东南诸河区	58	260	2199	18638	61226	82381	12.9
珠江区	163	764	7258	39337	74351	121873	19.1
西南诸河区	3	64	1141	8844	37118	47170	7.4
西北诸河区	219	405	947	764	783	3118	0.5

注　W 代表年取水量规模，万 m³。

2. 水源类型

南方地区河流型、湖泊型、水库型取水口 2011 年取水量所占比例分别为 71.8%、1.6%、26.6%，北方地区所占比例分别为 82.1%、1.6%、16.3%，南方、北方均以河流取水为主。各水资源一级区河流型取水口数量比例差别不大，为 80%～95%，但河流型取水口 2011 年取水量所占比例差别较大，西北

表 2-2-2　　　　　　　水资源一级区取水口 2011 年取水量

| 水资源一级区 | 不同规模取水口 2011 年取水量/亿 m³ | | | | | 总取水量/亿 m³ | 水量比例/% |
	$W{\geqslant}5000$	$1000{\leqslant}W$ <5000	$100{\leqslant}W$ <1000	$15{\leqslant}W$ <100	$W<15$		
全国	2181.40	794.38	786.54	556.27	232.43	4551.03	100
北方地区	1078.75	333.14	214.41	76.71	22.21	1725.22	37.9
南方地区	1102.65	461.23	572.14	479.56	210.22	2825.81	62.1
松花江区	123.49	67.58	43.21	11.04	2.19	247.52	5.4
辽河区	40.90	27.72	16.23	7.15	1.28	93.28	2.0
海河区	36.51	23.92	18.67	6.09	1.47	86.66	1.9
黄河区	289.09	42.00	31.34	9.26	3.67	375.36	8.2
淮河区	136.01	78.03	70.27	39.47	13.24	337.03	7.4
长江区	758.04	239.42	310.52	250.13	115.47	1673.58	36.8
其中：太湖流域	172.44	15.04	14.99	39.92	17.67	260.06	5.7
东南诸河区	92.84	55.72	53.55	61.62	32.85	296.59	6.5
珠江区	248.16	155.67	181.41	138.43	46.36	770.03	16.9
西南诸河区	3.61	10.43	26.65	29.37	15.55	85.62	1.9
西北诸河区	452.75	93.90	34.69	3.70	0.34	585.38	12.9

注　W 代表年取水量规模，万 m³。

诸河区取水量所占比例最高，为 90.4%；松花江区和淮河区在 80% 以上；海河区占比最低，为 58.6%；其他各区均为 65%~80%。湖泊取水口主要分布在淮河区和长江区，湖泊型取水口 2011 年取水量所占比例分别为 5.6% 和 2.4%。水库取水占比最高的是海河区，水库型取水口 2011 年取水量所占比例为 40.9%；占比最低的是西北诸河区仅为 9.0%。水资源一级区不同取水水源取水成果详见表 2-2-3，取水口数量比例分布和取水量比例分布见图 2-2-2 和图 2-2-3。

表 2-2-3　　　　　　　水资源一级区不同取水水源取水成果

| 水资源一级区 | 取水口数量/个 | | | | 2011 年取水量/亿 m³ | | | |
| | 小计 | 取水水源 | | | 小计 | 取水水源 | | |
		河流	湖泊	水库		河流	湖泊	水库
全国	638816	539914	7456	91446	4551.03	3445.23	71.61	1034.19
北方地区	78928	65679	825	12424	1725.22	1417.17	26.66	281.39
南方地区	559888	474235	6631	79022	2825.81	2028.06	44.95	752.80

续表

水资源一级区	取水口数量/个				2011 年取水量/亿 m³			
	小计	取水水源			小计	取水水源		
		河流	湖泊	水库		河流	湖泊	水库
松花江区	8900	7194	22	1684	247.52	198.41	3.81	45.30
辽河区	5386	4740	2	644	93.28	69.25	0.05	23.98
海河区	8638	7604	23	1011	86.66	50.78	0.47	35.41
黄河区	13440	11649	7	1784	375.36	297.33	0.10	77.93
淮河区	39446	31753	748	6945	337.03	272.20	19.03	45.79
长江区	308464	248451	6284	53729	1673.58	1255.06	40.56	377.95
其中：太湖流域	40275	39229	723	323	260.06	243.39	12.80	3.87
东南诸河区	82381	76329	18	6034	296.59	201.36	0.65	94.57
珠江区	121873	104998	268	16607	770.03	503.94	2.10	263.98
西南诸河区	47170	44457	61	2652	85.62	67.69	1.63	16.29
西北诸河区	3118	2739	23	356	585.38	529.20	3.20	52.97

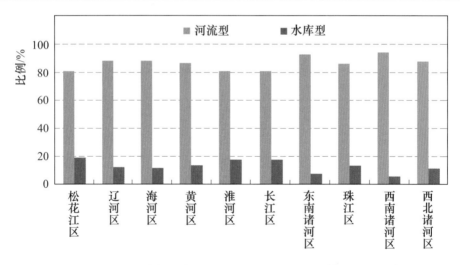

图 2-2-2 水资源一级区不同取水水源取水口数量比例分布

3. 取水方式

南方地区自流、抽提取水口数量比例分别为 53.6%、46.4%，2011 年取水量比例分别为 54.0%、46.0%；北方地区自流、抽提取水口数量比例分别为 42.4%、57.6%，2011 年取水量比例分别为 79.4%、20.6%。各水资源一级区中，抽提取水口 2011 年取水量所占比例最高的是长江区，为 51.9%；海河区和黄河区抽提取水口所占比例相对较低，分别为 17.9% 和 17.0%；最低的是西北诸河区和西南诸河区，仅为 0.9% 和 4.5%。从总体看，西北诸河

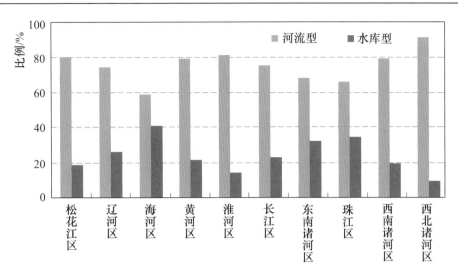

图2-2-3　水资源一级区不同取水水源取水量比例分布

区、西南诸河区主要靠自流取水，而长江区特别是太湖流域抽提取水所占比例较高。水资源一级区规模以上取水口不同取水方式取水成果详见表2-2-4，规模以上取水口抽提数量比例分布和取水量比例分布见图2-2-4和图2-2-5。

表2-2-4　水资源一级区规模以上取水口不同取水方式取水成果

水资源一级区	取水口数量/个			2011年取水量/亿 m³		
	小计	取水方式		小计	取水方式	
		自流	抽提		自流	抽提
全国	121796	61507	60289	3923.41	2543.02	1380.39
北方地区	33546	14236	19310	1674.54	1329.34	345.20
南方地区	88250	47271	40979	2248.87	1213.68	1035.19
松花江区	2638	1919	719	230.26	146.49	83.76
辽河区	1997	1313	684	88.22	56.13	32.09
海河区	4629	2285	2344	82.86	68.05	14.81
黄河区	3165	2015	1150	366.94	304.54	62.40
淮河区	18899	4624	14275	323.58	176.91	146.67
长江区	64394	29642	34752	1424.40	684.64	739.75
其中：太湖流域	15467	277	15190	234.74	4.82	229.93
东南诸河区	5817	3368	2449	203.72	124.85	78.87
珠江区	13766	10200	3566	573.12	358.68	214.44
西南诸河区	4273	4061	212	47.63	45.51	2.12
西北诸河区	2218	2080	138	582.70	577.22	5.48

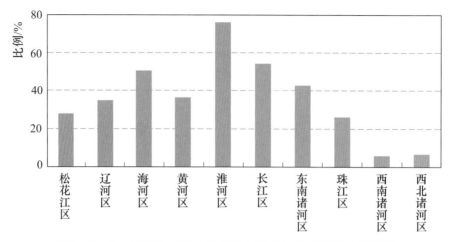

图 2-2-4 水资源一级区规模以上取水口抽提数量比例分布

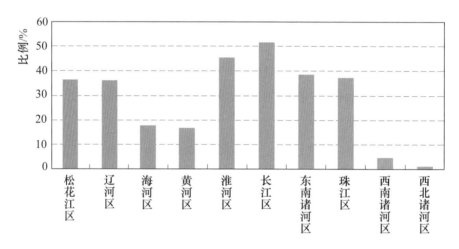

图 2-2-5 水资源一级区规模以上取水口抽提取水量比例分布

二、省级行政区

1. 取水口数量与取水量

从数量分布看,云南、湖南、江苏、浙江、福建、广西6省(自治区)河湖取水口数量较多,其河湖取水口数量合计占全国总数量的50%以上。从东中西分布来看,东部地区河湖取水口248216个,西部地区取水口224476个,中部地区取水口166124个,数量占比分别为38.9%、35.1%和26.0%。

从取水量情况看,新疆、江苏、广东、湖南、湖北、广西和江西7省(自治区)河湖取水口2011年取水量占全国河湖取水口总取水量的50%以上,新疆维吾尔自治区取水口数量较少但取水量最大,2011年取水量为503.02亿 m³,占全国河湖取水口总取水量的11.1%;江苏省和广东省取水口数量较多且取水量较大,2011年取水量分别为444.38亿 m³ 和427.71亿 m³,分别占全国河湖取水口总取水量的 9.8％和 9.4％。2011 年东部地区河湖取水口取水量 1651.76 亿 m³，西部地区取水量 1550.83 亿 m³，中部地区取水量 1348.44 亿 m³，取水量占比分别为 36.3％、34.1％、29.6％。省级行政区河湖取水口数量和取水量统计见附表 D2、附表 D3 和图 2-2-6 和图 2-2-7。

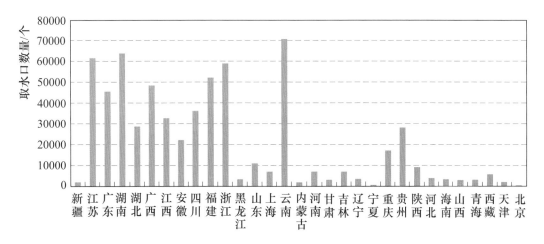

图 2-2-6　省级行政区河湖取水口数量分布

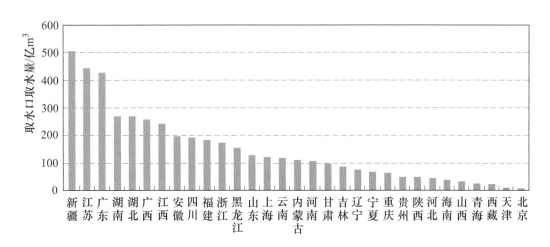

图 2-2-7　省级行政区河湖取水口 2011 年取水量分布

从不同规模取水口区域分布看，年取水量 5000 万 m³ 以上的大型取水口主要分布在新疆、江苏、广东和湖北，其取水口数量分别为 179 个、129 个、103 个和 61 个；大型取水口年取水量占比较高的省级行政区为上海、新疆、内蒙古和北京，占比分别为 85.4％、78.5％、78.3％ 和 68.2％。小型取水口主要分布在南方省份，年取水量 15 万 m³ 以下的小型取水口数量较多的省级行政区为云南、浙江、湖南和江苏，分别为 58881 个、45645 个、45318 个和 42112 个；西南地区的云南、贵州、四川、重庆等省（直辖市）小型取水口数量占比较高，均在80％以上，贵州、云南、浙江和福建等省的小型取水口取水量占比较高，分别为24.2％、17.9％、14.1％和12.5％。省级行政区年取水量5000万 m³ 以上取水口取水量所占比例分布见图 2-2-8。省级行政区不同规模取水口数量和取水量详见附表 D4。

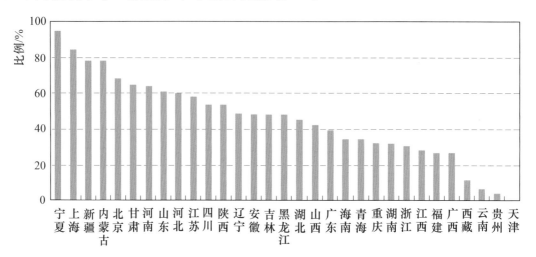

图 2-2-8 省级行政区年取水量5000万 m³ 及以上取水口取水量所占比例分布

总体来看，东部地区人口集中，经济发达，取水口数量多且取水量较大；西部地区地广人稀，经济欠发达，取水口数量及取水量相对较少。不同区域取水口分布有其各自特点；西南地区受地形地貌限制，取水口数量较多，但规模较小，总取水量不大；西北地区取水口数量较少，但取水量相对较大；华北及东北地区取水口数量及取水量相对较小。

2. 水源类型

从不同取水水源类型看，上海、西藏和江苏等省（自治区、直辖市）河流型取水口数量占其河湖取水口总数量比例较高，均高于97％；湖北、山东和海南等省河流型取水口数量占其河湖取水口总数量比例相对较低，分别为60.0％、62.1％和64.3％。内蒙古和新疆等自治区河流型取水口取水量占其河湖取水口总取水量比例较高，均大于95％以上；海南和河北等省则较低，分别为21.5％和44.4％。

山东、海南、江西和河南等省水库型取水口数量占其河湖取水口总数量比例较高，均在30％以上；江苏和西藏等省（自治区）则较低，分别为1.9％和2.1％；上海无水库型取水口。海南和河北等省水库型取水口取水量占其河湖取水口总取水量比例较高，分别为78.5％和55.6％；江苏、内蒙古和新疆等省（自治区）水库型取水口取水量占其河湖取水口总取水量比例较低，均不足5％。省级行政区水库型取水口数量及取水量比例见图 2-2-9、图 2-2-10。

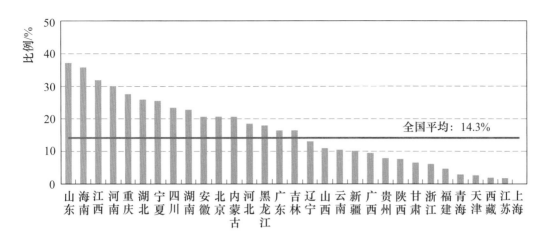

图 2-2-9　省级行政区水库型取水口数量比例分布

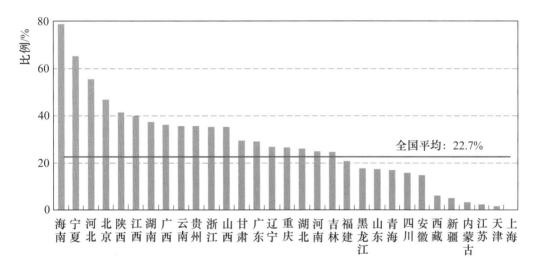

图 2-2-10　省级行政区水库型取水口取水量比例分布

3. 取水方式

取水方式与各省份地形地貌及水利工程类型特征密切相关，平原面积占较大的沿海省份抽提取水口数量占比相对较高，如上海、江苏、浙江和天津 4 省（直辖市）规模以上取水口中，抽提取水口数量比例分别为 100％、90.3％、80.6％和 71.3％；西部及西南地区，地形起伏大，多以自流取水为主，如西藏、新疆和云南 3 省（自治区），规模以上取水口中抽提数量比例较低，分别为 3.2％、6.0％和 8.8％。抽提取水口 2011 年取水量所占比例除上海 100％以外，江苏、重庆和天津所占比例较高，分别为 75.7％、69.9％和 57.1％；抽提水量占比较低的省级行政区为新疆、西藏，所占比例分别为 0.6％、1.9％。

总的来看，东部地区规模以上抽提取水口数量及取水量比例较高，中部次之，西部最低，东部、中部、西部取水口抽提数量所占比例分别为72.4%、34.7%和19.5%，抽提取水量比例分别为54.2%、38.0%和12.8%。省级行政区规模以上取水口不同取水方式取水成果详见附表 D2、附表 D3，规模以上河湖取水口抽提数量比例和抽提取水量比例见图 2-2-11 和图 2-2-12。

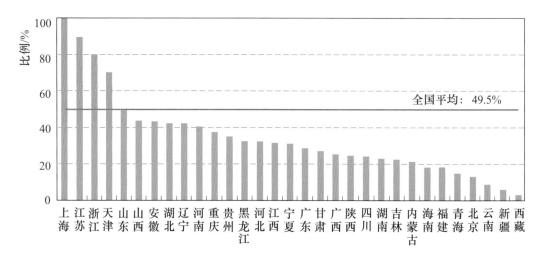

图 2-2-11　省级行政区规模以上河湖取水口抽提数量比例分布

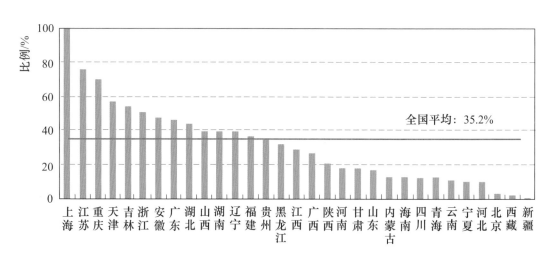

图 2-2-12　省级行政区规模以上河湖取水口抽提取水量比例分布

4. 非农业取水量

非农业取水包括城乡供水、一般工业供水、火（核）电供水和生态环境供水等。省级行政区中，江苏、广东和上海非农业取水量较大，分别为 225.03亿 m³、173.73 亿 m³ 和 107.66 亿 m³，西藏、宁夏和青海非农业取水量较少，分别为 0.45 亿 m³、2.33 亿 m³ 和 4.32 亿 m³。非农业取水量占比较高的省级行政区为上海、北京和重庆，占比分别为 90.5%、88.9% 和 74.6%。省级行政区河湖取水口非农业取水量比例见图 2-2-13。

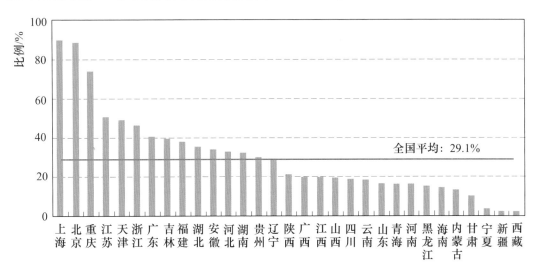

图 2-2-13　省级行政区河湖取水口非农业取水量比例分布

三、河流水系分布

以河流水系为单元汇总取水口数量及取水量，分析不同流域面积河流取水口数量及取水量分布情况，并汇总分析了 97 条主要河流取水成果。

（一）总体情况

全国流域面积 50km² 及以上的河流 45203 条中，有取水口的河流 17879 条，占河流总数量的 39.6%。按河流流域面积划分，流域面积 10000km² 及以上的河流干流上共有取水口 75025 个，占全国河湖取水口总数的 11.7%，2011 年取水量 1901.53 亿 m³，占全国河湖取水口总取水量的 41.8%。流域面积 3000（含）～10000km² 的河流干流上取水口 59577 个，占全国河湖取水口总数的 9.3%，2011 年取水量 467.84 亿 m³，占全国河湖取水口总取水量的 10.3%。流域面积 200（含）～3000km² 的河流干流上取水口数量 237132 个，占全国河湖取水口总数的 37.1%，2011 年取水量 1071.80 亿 m³，占全国河湖取水口总取水量的 23.5%。流域面积 200km² 以下的河流干流上取水口数量 157486 个，占全国河湖取水口总数的 24.7%，2011 年取水量 423.59 亿 m³，占全国河湖取水口总取水量的 9.3%。

总体上看，基本呈现流域面积较大的河流上取水口数量相对较少，而其取水口规模较大、取水量较多，流域面积较小的中小河流上取水口数量较多，但其取水口规模相对较小的特点。不同流域面积河流取水成果详见表 2-2-5。

表 2-2-5 不同流域面积河流取水成果

流域面积 /km²	取水口数量 /个	数量比例 /%	2011 年取水量 /亿 m³	取水量比例 /%
10000 及以上	75025	11.7	1901.53	41.8
3000（含）～10000	59577	9.3	467.84	10.3
200（含）～3000	237132	37.1	1071.80	23.5
小于 200	157486	24.7	423.59	9.3
其他	109596	17.2	686.27	15.1
合计	638816	100	4551.03	100

注 1. 表中取水口数量及取水量均为河流干流数据。
2. "其他"包含湖泊以及未明确流域面积的平原河流。

（二）主要河流

全国 97 条主要河流上的取水口共计 46254 个，占全国河湖取水口总数量的 7.2%；2011 年取水量 1593.64 亿 m³，占全国河湖取水口总取水量的 35%。97 条主要河流取水口数量及取水量统计详见附表 D5。以下简述七大江河流域及其主要支流的河湖取水口数量与取水量成果。

1. 松花江流域

松花江流域河湖取水口共 7766 个，2011 年取水量 209.15 亿 m³。其中松花江干流取水口 225 个，干流取水量 52.93 亿 m³，占其流域取水量的 25.3%。

第二松花江水系河湖取水口共 4194 个，2011 年取水量 50.71 亿 m³。其中第二松花江干流取水口共 183 个，干流取水量 27.27 亿 m³，占其流域取水量的 53.8%。

2. 辽河流域

辽河流域（含浑太河水系）河湖取水口 2352 个，2011 年取水量 62.58 亿 m³。其中辽河干流取水口 45 个，取水量 7.81 亿 m³，占其流域取水量的 12.5%。

东辽河水系河湖取水口 165 个，2011 年取水量 3.39 亿 m³。其中东辽河干流取水口 56 个，干流取水量 2.85 亿 m³，占其流域取水量的 84.2%。

浑河水系河湖取水口 1051 个，2011 年取水量 37.56 亿 m³。其中浑河干流取水口 86 个，干流取水量 24.26 亿 m³，占其流域取水量的 64.6%。

3. 海河流域

海河流域取水口数量为 8638 个，2011 年取水量为 86.66 亿 m³。

北三河水系河湖取水口 1801 个，2011 年取水量 16.65 亿 m³。其中潮白河流域有取水口 362 个，2011 年取水量 4.78 亿 m³，占北三河流域取水量的 28.7%。

永定河水系河湖取水口 666 个，2011 年取水量 6.52 亿 m³。其中干流取水口 149 个，干流取水量 3.18 亿 m³，占其流域取水量的 48.7%。

漳卫河水系河湖取水口 1139 个，2011 年取水量 18.62 亿 m³。其中漳河干流取水口 77 个，干流取水量 3.16 亿 m³，占漳河流域取水量的 32.5%；卫河干流取水口 209 个，干流取水量 1.57 亿 m³，占卫河流域取水量的 31.5%。

4. 黄河流域

黄河流域河湖取水口 13440 个，2011 年取水量 375.36 亿 m³。其中黄河干流取水口 1628 个，干流取水量 288.68 亿 m³，占其流域取水量的 76.9%。

汾河水系河湖取水口 849 个，2011 年取水量 12.35 亿 m³。其中汾河干流取水口 264 个，干流取水量 8.45 亿 m³，占其流域取水量的 68.4%。

渭河水系河湖取水口 2442 个，2011 年取水量 26.41 亿 m³。其中渭河干流取水口 127 个，干流取水量 6.80 亿 m³，占其流域取水量的 25.7%。

5. 淮河流域

淮河流域河湖取水口共 25702 个，2011 年取水量 219.36 亿 m³。其中淮河干流（含入江水道）取水口 415 个，干流取水量 18.49 亿 m³，占其淮河流域取水量的 8.4%。

涡河水系河湖取水口 94 个，2011 年取水量 1.75 亿 m³。其中涡河干流取水口 67 个，干流取水量 1.56 亿 m³，占其流域取水量的 89.3%。

沙颍河水系河湖取水口 627 个，2011 年取水量 13.41 亿 m³；其中沙颍河干流取水口 50 个，干流取水量 6.75 亿 m³，占其流域取水量的 50.3%。

6. 长江流域

长江流域河湖取水口 308464 个，2011 年取水量 1673.58 亿 m³。其中长江干流（含通天河、金沙江等）取水口 6877 个，干流取水量 393.98 亿 m³，占其流域取水量的 23.5%。

汉江水系河湖取水口 14337 个，2011 年取水量 133.56 亿 m³。其中汉江干流取水口 1206 个，干流取水量 59.59 亿 m³，占其流域取水量的 44.6%。

湘江水系河湖取水口 32933 个，2011 年取水量 148.32 亿 m³。其中湘江干流取水口 2089 个，干流取水量 39.62 亿 m³，占其流域取水量的 26.7%。

赣江水系河湖取水口 15509 个，2011 年取水量 113.41 亿 m³。其中赣江干流取水口 999 个，干流取水量 24.67 亿 m³，占其流域取水量的 21.8%。

7. 珠江流域

珠江流域河湖取水口 109690 个，2011 年取水量 734.98 亿 m³。

西江水系河湖取水口 62410 个，2011 年取水量 274.75 亿 m³。其中西江干流取水口 3290 个，干流取水量 20.64 亿 m³，占其流域取水量的 7.5%。

北江水系河湖取水口 10503 个，2011 年取水量 51.87 亿 m³。其中北江干流取水口 838 个，干流取水量 6.07 亿 m³，占其流域取水量的 11.7%。

东江水系河湖取水口 11740 个，2011 年取水量 64.81 亿 m³。其中东江干流取水口 1612 个，干流取水量 36.58 亿 m³，占其流域取水量的 56.4%。

七大江河流域及其主要支流河湖取水成果见表 2-2-6。

表 2-2-6　　　　　七大江河流域及其主要支流河湖取水成果

序号	流域水系	主要河流	干流取水成果		流域水系取水成果		干流取水量占流域取水量比例/%	备注
			取水口数量/个	2011年取水量/亿 m³	取水口数量/个	2011年取水量/亿 m³		
1	松花江流域	松花江	225	52.93	7766	209.15	25.3	以嫩江为主源
		第二松花江	183	27.27	4194	50.71	53.8	
2	辽河流域	辽河	45	7.81	2352	62.58	12.5	含浑太河水系
		东辽河	56	2.85	165	3.39	84.2	
		浑河	86	24.26	1051	37.56	64.6	以浑河为主源，含大辽河
3	海河流域				8638	86.66		
	北三河水系				1801	16.65		
		潮白河	55	4.41	362	4.78	92.2	密云水库以下，不含潮白新河
	永定河水系	永定河	149	3.18	666	6.52	48.7	
	漳卫河水系				1139	18.62		
		漳河	77	3.16	329	9.73	32.5	
		卫河	209	1.57	599	4.99	31.5	
4	黄河流域	黄河	1628	288.68	13440	375.36	76.9	
	汾河水系	汾河	264	8.45	849	12.35	68.4	
	渭河水系	渭河	127	6.80	2442	26.41	25.7	

序号	流域水系	主要河流	干流取水成果		流域水系取水成果		干流取水量占流域取水量比例/%	备注
			取水口数量/个	2011年取水量/亿 m³	取水口数量/个	2011年取水量/亿 m³		
5	淮河流域	淮河	415	18.49	25702	219.36	8.4	淮河干流含入江水道
		涡河	67	1.56	94	1.75	89.3	
		沙颍河	50	6.75	627	13.41	50.3	
6	长江流域	长江	6877	393.98	308464	1673.58	23.5	
	汉江水系	汉江	1206	59.59	14337	133.56	44.6	
	洞庭湖水系				73758	294.41		
		湘江	2089	39.62	32933	148.32	26.7	
	鄱阳湖水系				31364	227.64		
		赣江	999	24.67	15509	113.41	21.8	
7	珠江流域				109690	734.98		
	西江水系	西江	3290	20.64	62410	274.75	7.5	
		北盘江	466	2.07	3022	7.56	27.4	
		柳江	1035	6.78	12075	37.41	18.1	
		郁江	1415	18.42	10334	69.73	26.4	
		桂江	702	4.80	4112	31.32	15.3	
		贺江	408	5.27	2130	12.74	41.3	
	北江水系	北江	838	6.07	10503	51.87	11.7	
	东江水系	东江	1612	36.58	11740	64.81	56.4	

第三节　重点区域河湖取水口情况

本节主要对重点区域的河湖取水口数量与取水量进行了汇总分析。重点区域基本情况见附录 B。

一、重要经济区

（一）取水口数量及取水量

全国 27 个重要经济区中，河湖取水口共 400852 个，占全国河湖取水口总数量的 62.7%。2011 年取水量 2909.97 亿 m³，占全国河湖取水口总取水量的

63.9%。其中非农业取水量 1109.13 亿 m³，占全国重要经济区河湖取水口总取水量的 38.1%。重要经济区河湖取水口数量及密度见表 2-3-1。

表 2-3-1　　　　　重要经济区河湖取水口数量及密度

重 要 经 济 区		河湖取水口数量/个				取水口密度/(个/万 km²)
		合计	取水水源			
			河流	湖泊	水库	
环渤海地区	京津冀地区	4380	3891	4	485	302
	辽中南地区	3189	2790	2	397	273
	山东半岛地区	3545	1847	0	1698	510
	小计	11114	8528	6	2580	335
长江三角洲地区		94532	90954	818	2760	8804
珠江三角洲地区		11160	8809	0	2351	2052
冀中南地区		1591	1264	19	308	224
太原城市群		1170	1065	1	104	173
呼包鄂榆地区		2801	2683	4	114	159
哈长地区	哈大齐工业走廊与牡绥地区	1903	1567	2	334	121
	长吉图经济区	3166	2526	0	640	401
	小计	5069	4093	2	974	215
东陇海地区		6297	5599	36	662	2635
江淮地区		18311	13782	618	3911	2320
海峡西岸经济区		77982	72120	13	5849	3371
中原经济区		8977	6610	87	2280	357
长江中游地区	武汉城市圈	14691	8006	3358	3327	2530
	环长株潭城市群	34322	24764	669	8889	3529
	鄱阳湖生态经济区	24447	14800	309	9338	1977
	小计	73460	47570	4336	21554	2633
北部湾地区		10686	7250	0	3436	1188
成渝地区	重庆经济区	12932	8697	0	4235	2484
	成都经济区	24229	17881	0	6348	1550
	小计	37161	26578	0	10583	1783
黔中地区		14675	13472	0	1203	1876
滇中地区		21248	17650	202	3396	2248

续表

重要经济区	河湖取水口数量/个				取水口密度/(个/万 km²)
	合计	取水水源			
		河流	湖泊	水库	
藏中南地区	363	355	1	7	61
关中-天水地区	2240	1932	0	308	255
兰州-西宁地区	1607	1569	2	36	96
宁夏沿黄经济区	83	79	1	3	28
天山北坡经济区	325	283	1	41	28
总　　计	400852	332245	6147	62460	1411

全国 27 个重要经济区中，长江三角洲地区河湖取水口数量及 2011 年取水量分别为 94532 个和 534.03 亿 m³，各占全国重要经济区河湖取水口总数量和总取水量的 23.6% 和 18.4%。海峡西岸经济区取水口数量及 2011 年取水量次之，各占全国重要经济区河湖取水口总数量和总取水量的 19.5% 和 10.7%。宁夏沿黄经济区河湖取水口数量最少，仅 83 个，其 2011 年取水量为 67.64 亿 m³；藏中南地区河湖取水量最小，仅为 6.86 亿 m³，河湖取水口数量 363 个。重要经济区河湖取水口数量和 2011 年取水量见图 2-3-1 和图 2-3-2。

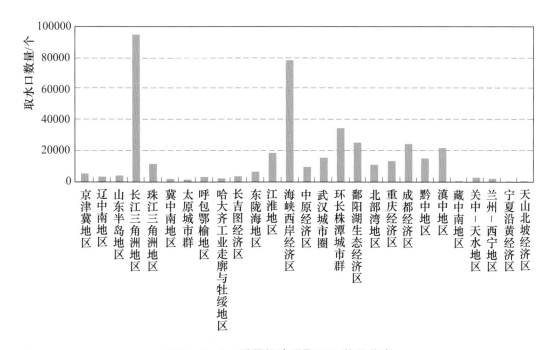

图 2-3-1　重要经济区取水口数量分布

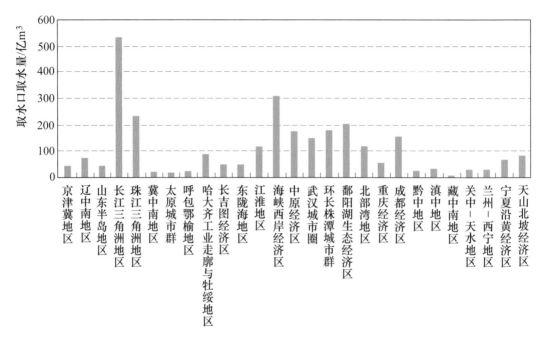

图 2-3-2　重要经济区 2011 年取水量分布

西北地区的重要经济区河湖取水口数量较少但取水规模较大，如兰州-西宁地区、宁夏沿黄经济区、天山北坡经济区，取水口密度分别为 96 个/万 km²、28 个/万 km² 和 28 个/万 km²，取水口年取水量平均值分别为 180 万 m³、8150 万 m³ 和 2509 万 m³；长江三角洲地区、环长株潭城市群、海峡西岸经济区取水口密度较大，分别为 8804 个/万 km²、3529 个/万 km² 和 3371 个/万 km²，取水口年取水量平均值分别为 56 万 m³、53 万 m³ 和 40 万 m³。

（二）水源类型

全国重要经济区从河流、湖泊和水库上取水的河湖取水口分别为 332245 个、6147 个和 62460 个，分别占重要经济区河湖取水口总数量的 82.9%、1.5% 和 15.6%；2011 年取水量分别为 2170.69 亿 m³、46.30 亿 m³ 和 692.98 亿 m³，分别占重要经济区河湖取水口总取水量的 74.6%、1.6% 和 23.8%。

全国 27 个重要经济区中，藏中南地区、呼包鄂榆地区、长江三角洲地区和兰州-西宁地区以河流取水为主，河流取水量占比均在 90% 以上；宁夏沿黄经济区、北部湾地区、滇中地区和冀中南地区以水库取水为主，水库取水量占比在 50% 以上。重要经济区不同取水水源 2011 年取水量详见表 2-3-2 和图 2-3-3。

表 2 - 3 - 2　　　　重要经济区不同取水水源 2011 年取水量　　　　单位：亿 m³

重要经济区		河湖取水口 2011 年取水量			
		合计	取水水源		
			河流	湖泊	水库
环渤海地区	京津冀地区	41.34	24.78	0.47	16.09
	辽中南地区	73.65	54.70	0.05	18.91
	山东半岛地区	42.03	30.56	0	11.48
	小计	157.02	110.04	0.52	46.47
长江三角洲地区		534.03	483.75	14.45	35.84
珠江三角洲地区		234.09	194.96	0	39.13
冀中南地区		21.96	9.31	0	12.65
太原城市群		17.15	9.54	0	7.61
呼包鄂榆地区		21.15	19.35	0	1.81
哈长地区	哈大齐工业走廊与牡绥地区	87.42	74.39	0.11	12.92
	长吉图经济区	47.97	36.07	0	11.90
	小计	135.39	110.46	0.11	24.81
东陇海地区		47.98	39.71	2.13	6.14
江淮地区		119.43	91.94	4.71	22.78
海峡西岸经济区		309.93	215.73	0.56	93.64
中原经济区		176.91	148.45	1.15	27.32
长江中游地区	武汉城市圈	149.72	113.72	7.60	28.41
	环长株潭城市群	180.85	117.25	6.65	56.95
	鄱阳湖生态经济区	203.54	113.41	4.04	86.10
	小计	534.11	344.37	18.28	171.45
北部湾地区	北部湾地区	116.27	44.17	0	72.10
成渝地区	重庆经济区	54.65	41.15	0	13.50
	成都经济区	156.86	134.81	0	22.05
	小计	211.51	175.96	0	35.55
黔中地区		25.40	15.12	0	10.28
滇中地区		34.80	13.77	2.53	18.50
藏中南地区		6.86	6.54	0.04	0.28
关中-天水地区		27.91	17.01	0	10.90
兰州-西宁地区		28.89	26.13	1.73	1.03

续表

重 要 经 济 区	河湖取水口 2011 年取水量			
	合计	取水水源		
		河流	湖泊	水库
宁夏沿黄经济区	67.64	23.52	0.09	44.03
天山北坡经济区	81.53	70.86	0	10.67
总　　计	2909.97	2170.69	46.30	692.98

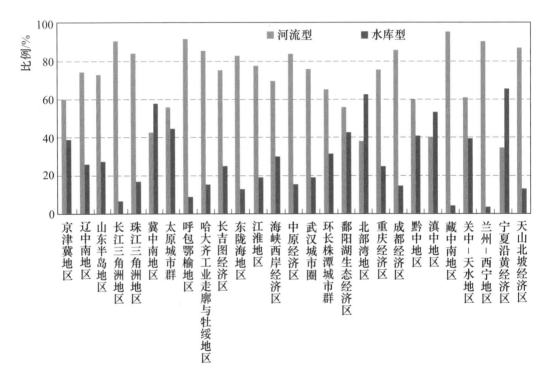

图 2-3-3　重要经济区不同水源类型取水量比例分布

二、粮食主产区

（一）取水口数量及取水量

全国十七个粮食产业带中，河湖取水口共 226319 个，占全国河湖取水口总数量的 35.4%；2011 年取水量 1871.04 亿 m³，占全国河湖取水口总取水量的 41.1%，其中农业取水口 206940 个，农业取水量 1650.06 亿 m³，占粮食主产区总取水量的 88.2%，占全国农业取水总量的 51.2%。平均每个农业取水口 2011 年取水量为 80.0 万 m³，粮食主产区取水口取水情况见表 2-3-3。

表 2 - 3 - 3　　　　　　　　　　粮食主产区河湖取水情况

粮食主产区		取水口数量/个	其中农业取水口数量/个	农业取水口密度/(个/万 km²)	2011年取水量/亿 m³	其中：农业取水量/亿 m³
东北平原	三江平原	894	838	63	47.44	46.17
	松嫩平原	7176	6682	137	144.71	127.50
	辽河中下游区	3068	2825	125	58.79	49.20
	小计	11138	10345	122	250.94	222.86
黄淮海平原	黄海平原	2114	2064	184	84.17	81.59
	黄淮平原	16448	15789	728	219.05	197.51
	山东半岛区	3161	2869	575	19.27	12.91
	小计	21723	20722	547	322.49	292.00
长江流域	洞庭湖湖区	40281	38124	3183	172.02	132.07
	江汉平原区	13699	12813	1545	110.35	94.04
	鄱阳湖湖区	17175	16542	1964	157.26	134.50
	长江下游地区	45417	44009	8695	118.43	89.45
	四川盆地区	21470	17986	1456	70.07	47.75
	小计	138042	129474	2808	628.14	497.81
汾渭平原	汾渭谷地区	1624	1075	107	25.85	18.32
河套灌区	宁蒙河段区	229	216	22	116.18	114.11
华南主产区	浙闽区	22566	18338	3732	51.29	44.27
	粤桂丘陵区	9671	9076	2031	67.60	64.06
	云贵藏高原区	20223	16653	1312	46.68	38.54
	小计	52460	44067	1996	165.57	146.87
甘肃新疆	甘新地区	1103	1041	17	361.89	358.08
总　计		226319	206940	758	1871.04	1650.06

注　表中取水口数量、2011年取水量等指标均指粮食产业带范围内的河湖取水成果。

　　粮食主产区河湖取水口分布呈现北方粮食主产区取水口数量少、取水规模较大，南方粮食主产区取水口数量较多、取水规模较小的特点。如位于北方的甘肃新疆地区、宁蒙河段区和三江平原 3 个粮食产业带农业取水口密度❶分别为 17 个/万 km²、22 个/万 km² 和 63 个/万 km²，而位于南方长江下游地区、

---

❶　取水口密度指单位国土面积的河湖取水口数量，单位为个/万 km²。

浙闽区和洞庭湖湖区 3 个粮食产业带农业取水口密度分别为 8695 个/万 km^2、3732 个/万 km^2 和 3183 个/万 km^2，取水口分布差异与我国南北方河流密度、水资源情况等有关。

全国 7 大粮食主产区中，长江流域主产区农业取水口数量及 2011 年取水量均最大，分别为 129474 个和 497.81 亿 m^3，占全国粮食主产区农业取水口总数量和总取水量的 62.6% 和 30.2%。在全国 17 个粮食产业带中，长江下游地区、洞庭湖湖区两个粮食产业带农业取水口数量分布较多，分别为 44009 个和 38124 个，共占粮食主产区农业取水口总数的 39.7%，2011 年农业取水量分别为 89.45 亿 m^3 和 132.07 亿 m^3，平均每个农业取水口 2011 年取水量为 20.3 万 m^3 和 34.6 万 m^3。17 个粮食产业带中甘新地区、黄淮平原、鄱阳湖湖区 2011 年农业取水量较大，分别为 358.08 亿 m^3、197.51 亿 m^3 和 134.50 亿 m^3，平均每个农业取水口 2011 年取水量为 3439.8 万 m^3、125.1 万 m^3 和 81.3 万 m^3。各粮食产业带取水口数量和 2011 年取水量分布情况分别见图 2-3-4 和图 2-3-5。

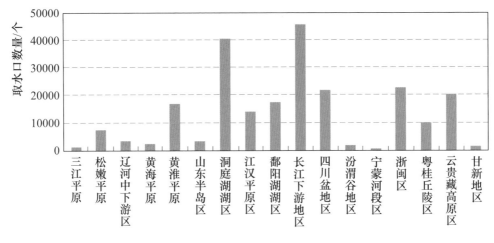

图 2-3-4 各粮食产业带取水口数量分布

（二）水源类型

全国粮食主产区农业取水口中，河流型、湖泊型和水库型取水口数量分别为 165023 个、2619 个和 39298 个，分别占粮食主产区农业取水口总数量的 79.7%、1.3% 和 19.0%；2011 年取水量分别为 1255.06 亿 m^3、34.11 亿 m^3 和 360.89 亿 m^3，分别占粮食主产区河湖取水口总取水量为 76.1%、2.1% 和 21.8%。农业取水以从河流取水为主，农业取水口不同水源取水量比例关系与全国河湖取水口不同水源取水量比例关系基本一致。

全国 17 个粮食产业带中，甘肃新疆地区、黄海平原、长江下游地区河流

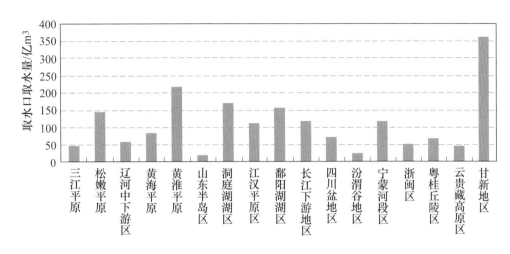

图 2-3-5　各粮食产业带取水口 2011 年取水量分布

取水量比例较高，均在 90％以上；洞庭湖湖区和鄱阳湖湖区河流取水量比例较低，分别为 48.8％和 49.4％，但其水库取水量比例较高，分别为 48.7％和 48.3％。粮食产业带不同取水水源类型农业取水量分布比例和农业取水情况详见图 2-3-6 和表 2-3-4。

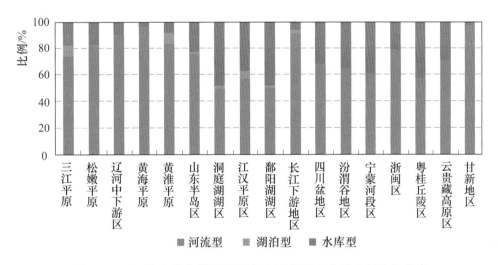

图 2-3-6　粮食产业带不同取水水源类型农业取水量比例分布

（三）取水方式

全国粮食主产区规模以上农业取水口数量 51668 个，其中自流和抽提取水口分别为 25660 个和 26008 个，占比分别为 49.7％和 50.3％；2011 年农业取水量分别为 1190.95 亿 m³ 和 257.02 亿 m³，占比分别为 82.2％和 17.8％。粮食主产区以自流取水为主，农业取水量自流比例高于全国河湖取水量自流比例。

表2-3-4　　　　　　　　粮食主产区不同取水水源农业取水情况

粮 食 主 产 区		农业取水口数量/个				农业取水口2011年取水量/亿 m³			
		合计	取水水源			合计	取水水源		
			河流	湖泊	水库		河流	湖泊	水库
东北平原	三江平原	838	716	18	104	46.17	33.96	3.76	8.45
	松嫩平原	6682	5278	2	1402	127.50	104.02	0.00	23.48
	辽河中下游区	2825	2395	2	428	49.20	44.11	0.05	5.04
	小计	10345	8389	22	1934	222.86	182.09	3.81	36.96
黄淮海平原	黄海平原	2064	1862	19	183	81.59	77.52	0.00	4.07
	黄淮平原	15789	11771	603	3415	197.51	163.78	15.46	18.27
	山东半岛区	2869	1580	27	1262	12.91	9.73	0.14	3.03
	小计	20722	15213	649	4860	292.00	251.03	15.61	25.36
长江流域	洞庭湖湖区	38124	28185	359	9580	132.07	64.50	3.20	64.37
	江汉平原区	12813	7499	1116	4198	94.04	52.87	5.65	35.52
	鄱阳湖湖区	16542	9438	160	6944	134.50	66.40	3.08	65.02
	长江下游地区	44009	42113	307	1589	89.45	81.04	2.57	5.84
	四川盆地区	17986	11565	0	6421	47.75	32.30	0.00	15.45
	小计	129474	98800	1942	28732	497.81	297.11	14.50	186.20
汾渭平原	汾渭谷地区	1075	796	0	279	18.32	11.69		6.63
河套灌区	宁蒙河段区	216	159	2	55	114.11	69.21	0.00	44.90
华南主产区	浙闽区	18338	17575	0	763	44.27	34.64	0.00	9.63
	粤桂丘陵区	9076	8063	0	1013	64.06	36.07	0.00	28.00
	云贵藏高原区	16653	15081	4	1568	38.54	27.34	0.19	11.01
	小计	44067	40719	4	3344	146.87	98.05	0.19	48.63
甘肃新疆	甘新地区	1041	947	0	94	358.08	345.88	0.00	12.20
总　计		206940	165023	2619	39298	1650.06	1255.06	34.11	360.89

　　不同区域的粮食产业带自流比例差别较大，全国17个粮食产业带中，甘新地区、黄海平原、四川盆地、宁蒙河段区和华南主产区的各产业带自流取水量比例较高，均在90%以上；长江下游地区、汾渭谷地区、辽河中下游抽提取水量比例相对较高，抽提取水量比例分别为57.9%、46.3%和41.2%。粮食主产区规模以上农业取水口不同取水方式取水成果和抽提取水量比例分布详见表2-3-5和图2-3-7。

表2-3-5　粮食主产区规模以上农业取水口不同取水方式取水成果

粮食主产区		河湖取水口数量/个			河湖取水口2011年取水量/亿m³		
		合计	取水方式		合计	取水方式	
			自流	抽提		自流	抽提
东北平原	三江平原	498	358	140	44.95	32.35	12.60
	松嫩平原	1585	1292	293	112.75	80.12	32.63
	辽河中下游区	1349	930	419	46.23	27.20	19.03
	小计	3432	2580	852	203.94	139.67	64.27
黄淮海平原	黄海平原	1321	560	761	80.68	75.63	5.04
	黄淮平原	10508	2891	7617	192.63	118.54	74.09
	山东半岛区	1236	852	384	12.28	10.49	1.79
	小计	13065	4303	8762	285.59	204.66	80.93
长江流域	洞庭湖湖区	6731	5517	1214	100.32	86.34	13.98
	江汉平原区	5252	3282	1970	86.89	66.47	20.41
	鄱阳湖湖区	3087	2113	974	100.79	89.81	10.98
	长江下游地区	13630	1999	11631	69.34	29.16	40.18
	四川盆地区	1394	1217	177	35.22	34.35	0.87
	小计	30094	14128	15966	392.56	306.13	86.44
汾渭平原	汾渭谷地区	287	189	98	17.58	9.45	8.14
河套灌区	宁蒙河段区	164	90	74	114.07	105.24	8.83
华南主产区	浙闽区	273	256	17	10.38	10.20	0.18
	粤桂丘陵区	1169	1113	56	42.32	40.12	2.20
	云贵藏高原区	2390	2231	159	24.31	23.43	0.87
	小计	3832	3600	232	77.00	73.74	3.25
甘肃新疆	甘新地区	794	770	24	357.23	352.07	5.16
总　计		51668	25660	26008	1447.97	1190.95	257.02

（四）亩均河湖取水量

全国粮食主产区河湖取水口亩均取水量545m³。我国各地区水资源条件、用水方式、农作物结构等差异较大，各粮食主产区亩均取水量差异悬殊。黄海平原、黄淮平原、山东半岛区和汾渭谷地区取水口亩均取水量分别为261m³、377m³、201m³和237m³。粤桂丘陵区亩均取水量在1000m³以上、松嫩平原区和鄱阳湖区等粮食主产带亩均取水量均在800m³以上。各粮食主产区取水口亩均取水量分布见图2-3-8。

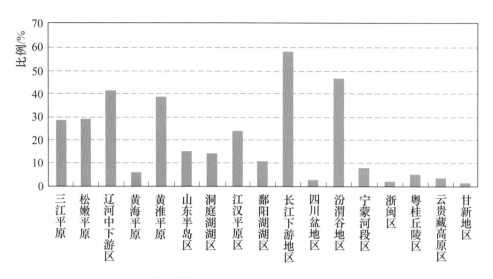

图 2-3-7　粮食主产带规模以上农业取水口抽提取水量比例分布

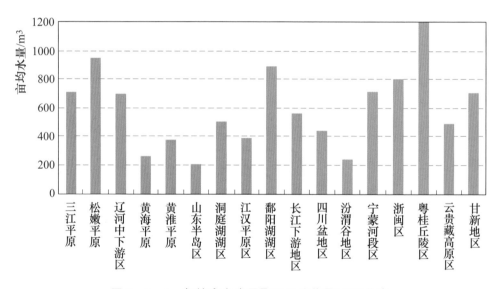

图 2-3-8　各粮食主产区取水口亩均取水量分布

三、重要能源基地

（一）取水口数量及取水量

全国 5 片 17 个重要能源基地中，河湖取水口数量共 19289 个，占全国河湖取水口总数量的 3.0%；2011 年取水量 212.31 亿 m³，占全国河湖总取水量的 4.7%，其中城乡供水、一般工业、火（核）电总取水量共 28.17 亿 m³，占能源基地河湖取水量的 13.3%。全国重要能源基地河湖取水情况见表 2-3-6。

表 2 - 3 - 6　　　　　　　　　全国重要能源基地河湖取水情况

重要能源基地		取水口数量 /个	取水口密度 /(个/万 km²)	2011 年取水量 /亿 m³
山西	晋北煤炭基地	189	65	7.53
	晋中煤炭基地（含晋西）	388	106	7.79
	晋东煤炭基地	822	239	4.72
	小计	1399	139	20.05
鄂尔多斯盆地	陕北能源化工基地	2732	351	4.17
	黄陇煤炭基地	509	362	6.51
	神东煤炭基地	100	34	9.34
	鄂尔多斯市能源与重化工产业基地	144	17	5.14
	宁东煤炭基地	77	34	2.12
	陇东能源化工基地	398	134	1.93
	小计	3960	152	29.19
东北地区	蒙东（东北）煤炭基地	568	38	36.12
	大庆油田	48	22	9.21
	小计	616	36	45.33
西南地区	云贵煤炭基地	12745	1911	19.46
新疆	准东煤炭、石油基地	201	18	29.21
	伊犁煤炭基地	112	44	30.46
	吐哈煤炭、石油基地	178	9	7.74
	克拉玛依-和丰石油、煤炭基地	46	9	12.63
	库拜煤炭基地	32	11	18.23
	小计	569	14	98.28
总　计		19289	190	212.31

注　表中取水口数量、2011 年取水量等指标均指重要能源基地区域范围内的河湖取水成果。

　　从五大能源片区取水口分布看，西南地区取水口数量最多为 12745 个，占全国重要能源基地取水口总数的 66.1%，取水口密度为 1911 个/万 km²；取水量为 19.46 亿 m³。新疆片区取水量最大，为 98.28 亿 m³，占全国重要能源基地河湖取水总量的 46.3%。重要能源基地分片区取水量比例详见图 2-3-9。

　　从重要能源基地取水口分布看，云贵煤炭基地、陕北能源化工基地取水口数量分别为 12745 个和 2732 个，分别占全国重要能源基地取水口总数的 66.1% 和 14.2%；蒙东（东北）煤炭基地、伊犁煤炭基地河湖取水量分别为

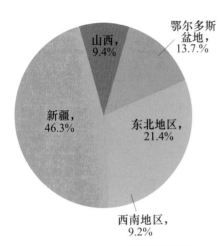

图 2-3-9 重要能源基地
分片区取水量比例

36.12 亿 m³ 和 30.46 亿 m³，分别占全国重要能源基地河湖取水量的 17.0% 和 14.3%。全国重要能源基地河湖取水口 2011 年取水量分布见图 2-3-10。

（二）水源类型

全国重要能源基地河流型、湖泊型和水库型取水口数量分别为 17781 个、23 个和 1485 个，分别占重要能源基地河湖取水口总数量的 92.2%、0.1% 和 7.7%；2011 年取水量分别为 164.91 亿 m³、3.71 亿 m³ 和 43.69 亿 m³，分别占重要能源基地河湖取水口总取水量的 77.7%、1.7% 和 20.6%。

全国 17 个重要能源基地中，宁东煤炭基地、库拜煤炭基地、伊犁煤炭基地、神东煤炭基地、大庆油田和鄂尔多斯市能源与重化工产业基地河流取水量比例均在 90% 以上；晋北煤炭基地以水库取水为主，其水库取水量占总取水量的 74.2%。重要能源基地不同取水水源取水成果和比例分布详见表 2-3-7

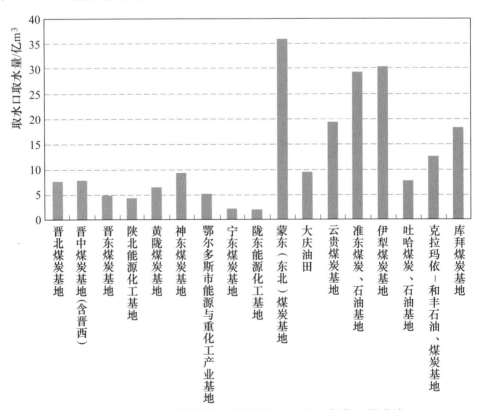

图 2-3-10 重要能源基地河湖取水口 2011 年取水量分布

和图 2-3-11。

表 2-3-7　　　　重要能源基地不同取水水源取水成果

重要能源基地		河湖取水口数量/个				河湖取水口 2011 年取水量/亿 m³			
		合计	取水水源			合计	取水水源		
			河流	湖泊	水库		河流	湖泊	水库
山西	晋北煤炭基地	189	161	0	28	7.53	1.95	0	5.59
	晋中煤炭基地（含晋西）	388	352	1	35	7.79	6.08	0	1.71
	晋东煤炭基地	822	767	0	55	4.72	2.96	0	1.76
	小计	1399	1280	1	118	20.05	10.99	0	9.06
鄂尔多斯盆地	陕北能源化工基地	2732	2642	1	89	4.17	2.71	0	1.46
	黄陇煤炭基地	509	455	0	54	6.51	5.62	0	0.89
	神东煤炭基地	100	89	0	11	9.34	9.10	0	0.23
	鄂尔多斯市能源与重化工产业基地	144	136	0	8	5.14	4.99	0	0.15
	宁东煤炭基地	77	77	0	0	2.12	2.12	0	0
	陇东能源化工基地	398	360	0	38	1.93	1.20	0	0.72
	小计	3960	3759	1	200	29.19	25.74	0	3.45
东北地区	蒙东（东北）煤炭基地	568	434	19	115	36.12	17.65	3.71	14.77
	大庆油田	48	44	1	3	9.21	8.95	0	0.26
	小计	616	478	20	118	45.33	26.61	3.71	15.03
西南地区	云贵煤炭基地	12745	11804	0	941	19.46	12.63	0	6.83
新疆	准东煤炭、石油基地	201	157	0	44	29.21	25.21	0	4.00
	伊犁煤炭基地	112	104	0	8	30.46	29.89	0	0.57
	吐哈煤炭、石油基地	178	129	0	49	7.74	5.16	0	2.58
	克拉玛依-和丰石油、煤炭基地	46	38	1	7	12.63	10.46	0	2.17
	库拜煤炭基地	32	32	0	0	18.23	18.23	0	0
	小计	569	460	1	108	98.28	88.95	0	9.32
总　计		19289	17781	23	1485	212.31	164.91	3.71	43.69

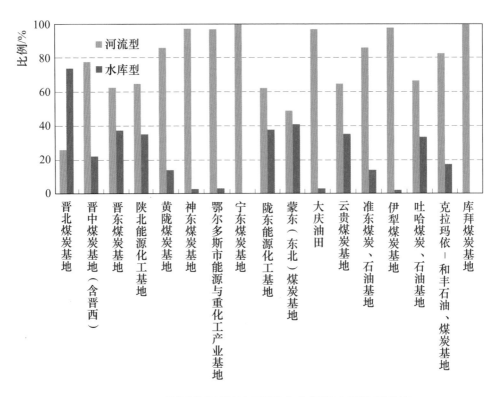

图 2-3-11　重要能源基地不同取水水源取水量比例分布

第四节　地表水开发利用情况

一、地表水总取水量

地表水总取水量包括本次普查的固定式河湖取水口取水量和其他地表水取水量，固定式河湖取水口 2011 年取水量通过对取水口逐一清查登记，以计量记录、设施测量、综合推算、其他等方式建立逐月取水台账获取；其他地表水取水量主要包括非固定取水设施如独立塘坝、山泉水、移动泵站、岩溶水等取水量，通过对江河湖库上无固定取水设施（如移动泵站等）的临时取水口，以及不在江河湖库上的分散地表水取水口等进行调查统计和综合分析获取。

2011 年全国地表水总取水量为 5029.22 亿 m³，其中河湖取水口取水量为 4551.03 亿 m³，其他地表水取水量为 478.19 亿 m³。南方地区 2011 年地表水取水量为 3266.10 亿 m³，北方地区 2011 年地表水取水量为 1763.12 亿 m³，分别占全国地表水总取水量的 35.1% 和 64.9%。水资源一级区中，长江区 2011 年地表水取水量最多，为 2020.43 亿 m³；珠江区、西北诸河区次之，分别为 824.21 亿 m³、587.84 亿 m³；辽河区、海河区和西南诸河区 2011 年地表水取水量相对较少，均不足 100 亿 m³。水资源一级区 2011 年地表水取水量见表 2-4-1。

表 2-4-1　水资源一级区 2011 年地表水取水量及水资源开发利用率

水资源一级区	多年平均地表水资源量 /亿 m³	地表水取水量 /亿 m³	地表水资源开发利用率/%
全国	26691.41	5029.22	18.8
北方地区	4365.02	1763.12	40.4
南方地区	22326.39	3266.10	14.6
松花江区	1295.72	272.24	21.0
辽河区	408.01	97.53	23.9
海河区	216.07	90.74	42.0
黄河区	594.42	385.51	64.9
淮河区	676.86	329.26	48.6
长江区	9857.42	2020.43	20.5
东南诸河区	1985.78	322.77	16.3
珠江区	4708.16	824.21	17.5
西南诸河区	5775.04	98.69	1.7
西北诸河区	1173.94	587.84	50.1

二、地表水资源开发利用率

本次普查利用 2011 年地表水总取水量与多年平均水资源量的比值来反映 2011 年地表水资源开发利用程度。全国多年平均地表水资源量（未含香港特别行政区、澳门特别行政区和台湾省）26691.41 亿 m³，2011 年全国地表水资源开发利用率为 18.8%。从水资源开发利用程度的区域分布情况来看，呈现"北高南低"特点，南方特别是西南地区，水资源丰富而利用量少，开发利用程度低，而北方尤其是华北地区和西北干旱地区开发利用程度较高。北方地区 2011 年地表水资源开发利用率为 40.4%，其中海河区、黄河区、淮河区和西北诸河区分别为 42.0%、64.9%、48.6% 和 50.1%，辽河区和松花江区分别为 23.9% 和 21.0%；南方地区水资源开发程度为 14.6%，其中长江区、东南诸河区、珠江区和西南诸河区分别为 20.5%、16.3%、17.5% 和 1.7%。水资源一级区 2011 年地表水资源开发利用率统计和分布见表 2-4-1 和图 2-4-1。

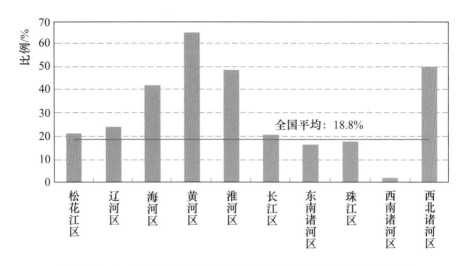

图 2-4-1 水资源一级区 2011 年地表水资源开发利用率分布

第五节 取 水 计 量 情 况

取水计量是河湖取水管理的重要手段，本节主要介绍了规模以上河湖取水口（规模以下取水口未普查计量情况）取水计量情况。

一、总体情况

河湖取水口计量设施按输水方式的不同，分为明渠量水设施和暗管量水设备。明渠量水设施包括量水堰、量水槽、量水器和复合断面量水堰，以及进行过流量率定的水闸等水工建筑物；管道量水设备包括文丘里量水计、电磁流量计、超声波流量计等。本节汇总的计量情况均指采用上述直接计量设施（设备）的计量成果。

全国规模以上取水口中，安装计量设施的取水口 26015 个，占规模以上取水口总数的 21.4%，其 2011 年取水量 2299.34 亿 m^3，占规模以上取水量的 58.6%；采取耗电量法间接获取的取水量为 456.0 亿 m^3，占规模以上取水量的 11.6%。直接计量及耗电量法获取的取水量占规模以上取水口取水总量的 70.2%。

（1）从不同规模取水口计量情况分析，年取水量 5000 万 m^3 及以上的取水口计量数量比例（安装计量设施的取水口数量占该类取水口总数量比例，下同）为 66.7%，计量水量比例（安装计量设施的取水口 2011 年取水量占该类取水口 2011 年取水总量比例，下同）为 73.8%；年取水量 1000 万（含）～ 5000 万 m^3 的取水口计量数量比例为 50.6%，计量水量比例为 52.3%。年取水量 100 万 m^3 以下的取水口计量数量比例仅为 17.9%，计量水量比例 19.4%。总体来看，规模较大的取水口，安装计量设施比例高于规模较小的取水口，大部分规模较小的河湖取水口未安装计量设施，不同规模取水口计量情况详见表 2-5-1。

表 2-5-1　　　　　　　　　　不同规模取水口计量情况

取水口规模 /(万 m^3/a)	取水口数量				2011 年取水量			
	总数量 /个	有计量 /个	无计量 /个	计量比例 /%	总取水量 /亿 m^3	有计量 /亿 m^3	无计量 /亿 m^3	计量比例 /%
全国	121796	26015	95781	21.4	3923.41	2299.34	1624.07	58.6
5000 及以上	1141	761	380	66.7	2181.4	1610.76	570.64	73.8
1000（含）～5000	3799	1922	1877	50.6	793.32	414.69	378.63	52.3
100（含）～1000	24060	6729	17331	28	700.14	225.7	474.44	32.2
小于 100	92796	16603	76193	17.9	248.55	48.19	200.36	19.4

注　表中取水口指规模以上取水口。

（2）从不同取水水源取水口计量情况看，河流型、湖泊型、水库型取水口安装计量设施的数量比例差别不大，为 19.9%～22.5%；计量水量比例河流型为 61.8%、湖泊型为 38.2%、水库型为 49.8%。不同取水水源规模以上取水口计量情况详见表 2-5-2。

表 2-5-2　　　　　　　不同取水水源规模以上取水口计量情况

取水水源	取水口数量			2011 年取水量		
	总数量 /个	其中安装计量设施取水口		总取水量 /亿 m^3	其中安装计量设施取水口	
		数量/个	比例/%		取水量/亿 m^3	比例/%
全国	121796	26015	21.4	3923.41	2299.34	58.6
河流	85128	17869	21.0	2936.81	1815.98	61.8
湖泊	3784	754	19.9	69.15	26.44	38.2
水库	32884	7392	22.5	917.45	456.92	49.8

（3）从不同用途取水口计量情况看，农业取水口计量比例较低，非农业取水口计量比例相对较高。安装计量设施的农业取水口共 15142 个，占规模以上农业取水口总数的 14.7%，计量的取水量为 1306.03 亿 m^3，占规模以上农业取水口总取水量的 49.8%；安装计量设施的非农业取水口共 10873 个，占规模以上非农业取水口总数的 57.7%，计量的取水量为 993.31 亿 m^3，占规模以上非农业取水口总取水量的 76.3%。不同用途规模以上取水口计量情况详见表 2-5-3。

表 2-5-3 不同用途规模以上取水口计量情况

取水用途	取水口数量			2011 年取水量		
	总数量 /个	其中安装计量设施取水口		总取水量 /亿 m³	其中安装计量设施取水口	
		数量/个	比例/%		取水量/亿 m³	比例/%
全国	121796	26015	21.4	3923.41	2299.34	58.6
农业	102944	15142	14.7	2621.62	1306.03	49.8
非农业	18852	10873	57.7	1301.79	993.31	76.3

二、水资源一级区

水资源匮乏区域，计量设施安装情况较好，水资源丰富区域，取水计量情况稍差。北方地区水资源相对短缺，河湖取水口设置相对集中，取水计量情况好于南方地区。北方地区取水口计量设施安装比例为 26.1%，计量水量比例为 69.6%；南方地区安装比例为 19.6%，计量水量比例为 50.4%。

从计量情况看，黄河区和西北诸河区计量情况较好。西北诸河区规模以上取水口计量设施安装比例达 57.7%，水量计量比例达 85.2%，除规模相对较小的取水口外，大部分取水口均有计量；黄河区水资源统一调度管理较好，规模以上取水口计量设施安装比例为 33.9%，水量计量比例高达 88.2%，主要是黄河干流上规模较大取水口安装了计量设施且取水量所占比例较高。东南诸河区规模以上取水口计量设施安装比例为 34.4%，由于取水口分散且数量多，规模相对较小，其水量计量比例仅为 52.7%，低于全国平均水平。西南诸河区、淮河区和珠江区取水计量比例较低，规模以上取水口中水量计量比例分别为 18.9%、37.6% 和 46.5%。水资源一级区规模以上取水口计量比例分布见图 2-5-1。

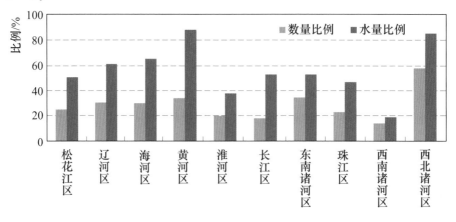

图 2-5-1 水资源一级区规模以上取水口计量比例分布

从不同水源类型取水量计量情况看，北方地区河流型、水库型计量比例差别不大，水库取水计量比例略高于河流取水计量比例，而南方地区水库取水计量比例低于河流取水计量比例，如长江区、珠江区水库取水计量比例分别为39.5%、33.4%，河流取水计量比例分别为56.8%、55.1%。水资源一级区规模以上取水口不同水源计量成果见表2-5-4。

表2-5-4　　水资源一级区规模以上取水口不同水源计量成果

水资源一级区	取水计量数量/个				取水计量水量/亿 m³			
	小计	河流	湖泊	水库	小计	河流	湖泊	水库
全国	26015	17869	754	7392	2299.34	1815.98	26.44	456.92
北方地区	8753	6598	262	1893	1165.57	951.09	6.45	208.03
南方地区	17262	11271	492	5499	1133.77	864.89	19.99	248.89
松花江区	658	454	10	194	115.98	90.09	0.98	24.91
辽河区	607	493	0	114	53.82	40.26	0.00	13.56
海河区	1381	1105	4	272	53.99	24.77	0.47	28.74
黄河区	1073	748	4	321	323.47	254.27	0.09	69.10
淮河区	3755	2712	233	810	121.63	94.99	4.42	22.22
长江区	11522	7571	449	3502	750.65	607.75	18.24	124.66
其中：太湖流域	2313	2193	66	54	197.39	182.41	12.16	2.81
东南诸河区	2003	1337	3	663	107.44	62.42	0.09	44.93
珠江区	3143	1927	32	1184	266.70	189.13	1.48	76.09
西南诸河区	594	436	8	150	8.98	5.58	0.19	3.21
西北诸河区	1279	1086	11	182	496.69	446.71	0.48	49.50

从不同用途取水计量情况看，各水资源一级区非农业取水口数量计量比例均高于农业取水口计量比例，非农业取水口水量计量比例总体计量情况也较好，黄河区和海河区非农业取水量计量比例分别为91.6%和83.8%；西南诸河区和西北诸河区非农业取水量计量比例相对较低，分别为37.6%和45.3%；西北诸河区非农业用水所占比例较低，但区域总体计量情况较好。水资源一级区规模以上取水口不同用途计量数量比例和水量比例分布见图2-5-2、图2-5-3，不同用途计量成果见表2-5-5。

三、省级行政区

从省级行政区规模以上取水口计量情况看，水资源匮乏省份取水计量水平相对较高。新疆、甘肃、宁夏3省（自治区）取水口计量设施安装比例分别为59.2%、48.5%和48.1%。从取水量计量比例看，宁夏、上海、山东、甘肃、新疆、内蒙古、北京、河北和陕西 9 省（自治区、直辖市）相对较高，均在 70%以上，取水计量情况相对较好；广西、湖南、云南、西藏和江西等省（自治区）取水量计量比例相对较低，均不足 40%。

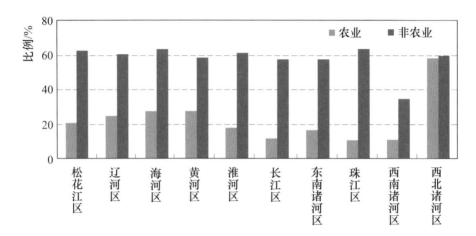

图 2-5-2 水资源一级区规模以上取水口不同用途计量数量比例分布

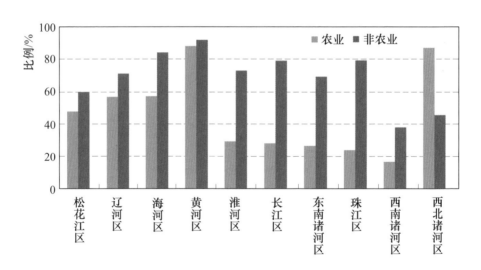

图 2-5-3 水资源一级区规模以上取水口不同用途计量水量比例分布

表 2-5-5 水资源一级区规模以上取水口不同用途计量成果

水资源一级区	取水计量数量/个			取水计量水量/亿 m³		
	小计	农业	非农业	小计	农业	非农业
全国	26015	15142	10873	2299.34	1306.03	993.31
北方地区	8753	6907	1846	1165.57	997.51	168.06
南方地区	17262	8235	9027	1133.77	308.52	825.25

水资源一级区	取水计量数量/个			取水计量水量/亿 m³		
	小计	农业	非农业	小计	农业	非农业
松花江区	658	473	185	115.98	81.90	34.08
辽河区	607	400	207	53.83	33.89	19.94
海河区	1381	1149	232	53.98	32.34	21.64
黄河区	1073	665	408	323.46	286.92	36.54
淮河区	3755	3117	638	121.63	75.09	46.54
长江区	11522	6250	5272	750.65	202.54	548.11
其中：太湖流域	2313	1105	1208	197.39	2.89	194.50
东南诸河区	2003	515	1488	107.44	20.16	87.28
珠江区	3143	1082	2061	266.69	79.05	187.64
西南诸河区	594	388	206	8.99	6.77	2.22
西北诸河区	1279	1103	176	496.69	487.37	9.32

由于各省级行政区取水口分布、规模及取水用途等情况差异较大，取水口安装计量设施比例与取水量计量比例分布规律不尽相同。如上海市，取水口安装计量设施比例仅为 4.3%，而其取水量计量比例达 91%，主要原因是火（核）电用途取水口数量虽仅为 20 个，但火（核）电取水量占比较高，达 60%，且全部安装了计量设施。

全国取水计量比例呈现西部地区较高、东部地区次之、中部地区较低的分布特点。西部地区规模以上取水口计量设施安装比例为 25.5%，取水量计量比例为 68.0%；东部地区安装比例为 21.0%，计量比例为 61.5%；中部地区安装比例为 19.2%，计量比例为 44.5%。

从不同用途取水计量情况看，非农业取水量计量方面，上海、宁夏、甘肃、江苏、山西等省（自治区、直辖市）计量比例较高，在 90% 以上；西藏、黑龙江、青海、湖南、新疆计量比例较低，低于 50%，东部地区非农业取水计量比例高于中部和西部地区。农业取水量计量方面，宁夏、北京、山东、新疆、甘肃、内蒙古计量比例较高，在 80% 以上；重庆、福建、江西、贵州、江苏、福建计量比例较低，低于 20%。西部地区农业取水计量比例高于东部和中部地区。省级行政区规模以上取水口取水计量比例见附表 D6，计量数量比例分布、计量水量比例分布、不同用途计量数量比例分布和不同用途计量水量比例分布分别见图 2-5-4～图 2-5-7。

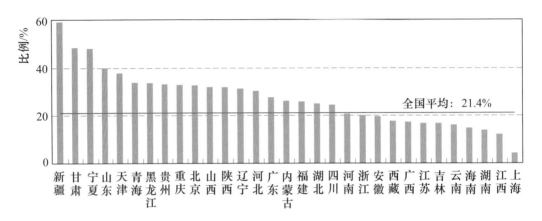

图 2-5-4 省级行政区规模以上取水口计量数量比例分布

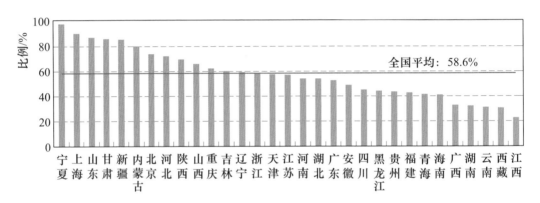

图 2-5-5 省级行政区规模以上取水口计量水量比例分布

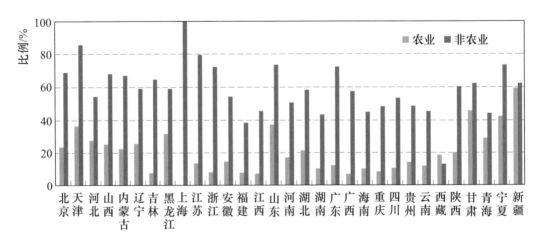

图 2-5-6 省级行政区规模以上取水口不同用途计量数量比例分布

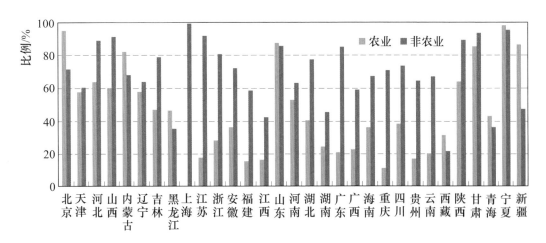

图 2-5-7 省级行政区规模以上取水口不同用途计量水量比例分布

第三章　地 表 水 水 源 地

　　保障饮水安全是全面建成小康社会、构建和谐社会的重要内容，地表水水源地是我国城乡集中供水的主要取水水源，掌握全国地表饮用水水源地基本情况，对水源地安全建设、管理政策制定、保障城乡居民饮水安全至关重要。本章重点对我国地表饮用水水源地数量及其分布、供水量等主要指标进行了综合分析。

第一节　数 量 与 供 水 情 况

一、总体情况

　　本次普查全国共有地表水水源地[1] 11656 处，2011 年地表水水源地总供水量[2]为 595.78 亿 m³。全国地表水水源地位置分布示意图见附图 E5。

　　（一）水源地规模

　　按日供水规模统计，全国供水规模在 15 万 m³/d 及以上的地表水水源地数量为 349 处，2011 年供水量为 381.60 亿 m³，分别占全国地表水水源地总数量和地表水水源地总供水量的 3.0% 和 64.0%；供水规模 0.5 万 m³/d 以下的地表水水源地数量为 8058 处，2011 年供水量为 23.58 亿 m³，分别占全国地表水水源地总数量和地表水水源地总供水量的 69.1% 和 4.0%。供水规模较大的地表水水源地虽然数量较少，但总供水量较大；供水规模较小的水源地数量多且分布广，其总供水量较小。全国不同规模地表水水源地数量与供水量见表 3-1-1。全国日供水量 5 万 m³ 及以上地表水水源地分布示意图见附图 E6。

　　（二）水源类型

　　全国河流、湖泊和水库型地表水水源地数量分别为 7104 处、169 处和 4383 处，占全国地表水水源地数量比例分别为 60.9%、1.5% 和 37.6%，2011 年供水量分别为 338.08 亿 m³、18.84 亿 m³ 和 238.86 亿 m³，分别占地表水水源地供水量 56.7%、3.2% 和 40.1%。地表水水源地供水水源以河流和

---

[1]　本章所述地表水水源地均指地表饮用水水源地，下同。

[2]　包含居民生活用水、公共用水（含第三产业及建筑业用水）和市政环境用水。

水库为主。全国不同水源类型地表水水源地数量和供水量比例见图 3-1-1。

表 3-1-1　　　　　全国不同规模地表水水源地数量与供水量

水源地供水规模 /（万 m³/d）	水源地数量		2011 年供水量	
	数量/处	比例/%	年供水量/亿 m³	比例/%
全国	11656	100	595.78	100
15 及以上	349	3.0	381.60	64.0
5（含）～15	589	5.1	101.94	17.1
1（含）～5	1587	13.6	74.11	12.4
0.5（含）～1	1073	9.2	14.55	2.5
小于 0.5	8058	69.1	23.58	4.0

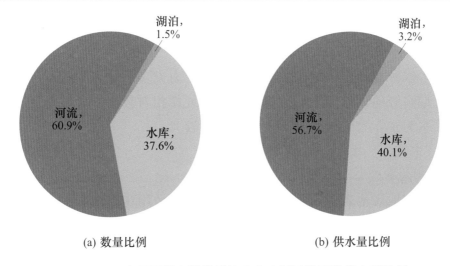

(a) 数量比例　　　　　　　　　　(b) 供水量比例

图 3-1-1　全国不同水源类型地表水水源地数量及供水量比例

（三）供水能力

地表水水源地供水能力以供水规模和供水人口等指标表示，其供水规模为水源地设计日供水量或 2008—2011 年实际日最大供水量。

全国地表水水源地供水能力合计为 29252.2 万 m³/d，设计供水人口合计 63736.4 万人。按日供水规模分类统计，供水规模在 1 万 m³/d 及以上的地表水水源地供水能力为 27549.8 万 m³/d，供水人口为 53597.5 万人，分别占全国地表水水源地总供水能力、总供水人口的 94.2% 和 84.1%；其中 15 万 m³/d 及以上的地表水水源地供水能力为 19565.6 万 m³/d，供水人口为 30577.0 万人，分别占全国地表水水源地总供水能力、总供水人口的 66.9% 和 48.0%。供水规模 0.5 万 m³/d 以下的地表水水源地供水能力为 1017.3 万 m³/d，供水人口为 7014.1 万人，分别占全国地表水水源地总供水能力、总供水人口的 3.5% 和 11.0%。由此可见，我国地表水水源地以供水规模为 1 万 m³/d 以上的大中型水源地为主。全国不同规模地表水水源地供水能力与供水人口见表3-1-2。

表3-1-2　　　　全国不同规模地表水水源地供水能力与供水人口

水源地供水规模 /（万 m³/d）	供水能力		供水人口	
	水量/（万 m³/d）	比例/%	数量/万人	比例/%
全国	29252.2	100	63736.4	100
15 及以上	19565.6	66.9	30577.0	48.0
5（含）～15	4634.6	15.8	11690.0	18.3
1（含）～5	3349.6	11.5	11330.5	17.8
0.5（含）～1	685.1	2.3	3124.8	4.9
小于 0.5	1017.3	3.5	7014.1	11.0

二、区域分布

地表水水源地在全国范围内分布总体呈现南方多、北方少的特点，南方地区以河流型水源地供水为主，数量多但平均规模相对较小；北方地区以水库型水源地供水为主，数量较少但平均规模相对较大。

（一）水资源一级区

1. 水源地数量与供水量

我国南方地区地表水资源相对丰富，居民生活用水以地表水为主，地表水水源地数量南方明显多于北方。南方地区共有地表水水源地10070处，占全国地表水水源地总数量的86.4%，2011年供水量为460.42亿 m³，占全国地表水水源地总供水量的77.3%；其中长江区、珠江区和东南诸河区水源地数量分别为6356处、2134处和1138处，分别占全国地表水水源地总数量的54.5%、18.3%和9.8%，2011年供水量分别为229.70亿 m³、157.79亿 m³和69.70亿 m³，占全国地表水水源地总供水量的38.6%、26.5%和11.7%。水资源一级区地表水水源地数量和供水量分别详见表3-1-3和表3-1-4。

表3-1-3　　　　　　水资源一级区地表水水源地数量

水资源一级区	地表水水源地数量/处						
	总数	供水水源			供水用途		
		河流	湖泊	水库	城乡生活	城镇生活	乡村生活
全国	11656	7104	169	4383	5444	4154	2058
北方地区	1586	855	27	704	653	570	363
南方地区	10070	6249	142	3679	4791	3584	1695

续表

水资源一级区	地表水水源地数量/处						
	总数	供水水源			供水用途		
		河流	湖泊	水库	城乡生活	城镇生活	乡村生活
松花江区	141	84	0	57	37	100	4
辽河区	120	54	0	66	32	88	0
海河区	113	32	1	80	53	40	20
黄河区	476	318	0	158	208	154	114
淮河区	552	228	26	298	261	160	131
长江区	6356	4188	127	2041	3057	2224	1075
其中：太湖流域	127	70	15	42	69	21	37
东南诸河区	1138	521	2	615	525	330	283
珠江区	2134	1221	7	906	1061	798	275
西南诸河区	442	319	6	117	148	232	62
西北诸河区	184	139	0	45	62	28	94

表 3-1-4　　　　水资源一级区地表水水源地供水量

水资源一级区	地表水水源地 2011 年供水量/亿 m^3						
	总量	供水水源			供水用途		
		河流	湖泊	水库	城乡生活	城镇生活	乡村生活
全国	595.78	338.08	18.84	238.86	314.44	266.54	14.80
北方地区	135.36	35.92	2.56	96.88	43.02	90.03	2.31
南方地区	460.42	302.17	16.28	141.97	271.42	176.50	12.49
松花江区	14.89	4.01	0	10.88	2.76	12.09	0.05
辽河区	17.37	2.36	0	15.02	1.50	15.88	0
海河区	45.73	3.91	0	41.83	14.57	30.95	0.22
黄河区	22.06	9.79	0	12.27	5.91	15.72	0.43
淮河区	30.17	13.55	2.56	14.07	16.65	13.15	0.37
长江区	229.70	167.77	15.20	46.72	116.33	106.45	6.93
其中：太湖流域	50.61	34.04	13.68	2.88	39.56	8.33	2.72
东南诸河区	69.70	22.63	0.60	46.47	44.59	21.71	3.40
珠江区	157.79	110.34	0.02	47.42	109.25	46.51	2.02
西南诸河区	3.23	1.43	0.45	1.36	1.26	1.83	0.14
西北诸河区	5.13	2.30	0	2.82	1.64	2.25	1.24

北方地区地表水水源地共 1586 处，占全国地表水水源地总数量的 13.6%，2011 年供水量 135.36 亿 m³，占全国地表水水源地总供水量的 22.7%；其中海河区、辽河区和松花江区地表水水源地数量分别为 113 处、120 处和 141 处，分别占全国地表水水源地总数量的 1.0%、1.0% 和 1.2%，2011 年供水量分别为 45.73 亿 m³、17.37 亿 m³ 和 14.89 亿 m³，占全国地表水水源地总供水量的 7.7%、2.9% 和 2.5%。

从水源类型看，南方地表水水源地以河流供水为主，河流型水源地 2011 年供水量为 302.17 亿 m³，占其地表水水源地供水量比例为 65.6%；长江区和珠江区河流型水源地供水量比例（占其水源地供水量比例）较高，分别为 73.0% 和 69.9%；北方地表水水源地以水库供水为主，水库型水源地 2011 年供水量为 96.88 亿 m³，占其地表水水源地供水量比例为 71.6%；其中海河区、辽河区和松花江区水库型水源地供水量比例较高，分别为 91.5%、86.4% 和 73.1%。

2. 供水能力

水源地供水能力与 2011 年供水量分布情况基本一致，也呈现南高北低的特点，南方地区地表水水源地供水能力为 21194.4 万 m³/d，北方地区为 8057.8 万 m³/d。南方地区河流水资源充沛，以河流供水为主，且其河流型水源地供水能力远高于北方地区；北方地区以水库供水为主，其水库型水源地供水能力占比达 72.3%。水资源丰富的长江区和珠江区地表水水源地供水能力最大，分别为 10287.1 万 m³/d 和 7644.4 万 m³/d；海河区和东南诸河区次之；西南诸河区、西北诸河区较低，分别为 134.5 万 m³/d 和 232.8 万 m³/d。水资源一级区地表水水源地供水能力与供水人口见表 3-1-5。

（二）省级行政区

1. 水源地数量与供水量

从我国东部、中部、西部地区地表水水源地分布看，其数量自东向西逐级递增，而供水量则相反。东部地区地表水水源地共 3042 处，2011 年供水量 371.77 亿 m³；中部地区共 3327 处，2011 年供水量 131.90 亿 m³；西部地区共 5287 处，2011 年供水量 92.11 亿 m³。东部地区人口密集、经济发达，地表水水源地数量虽然较少，占全国地表水水源地总数量的 26.1%，但以大中型水源地供水为主，其 2011 年供水量占全国地表水水源地总供水量的 62.4%；西部地区人口相对分散，小型水源地数量多、分布广，占全国总数的 45.4%，其总供水量仅占全国地表水水源地总供水量的 15.5%。省级行政区地表水水源地数量与供水量统计见附表 D7。

省级行政区中，四川、广东、贵州、云南和安徽等省地表水水源地数量较

表 3 - 1 - 5　　水资源一级区地表水水源地供水能力与供水人口

水资源一级区	供水能力/（万 m³/d）				供水人口/万人
	总计	按水源类型			
		河流	湖泊	水库	
全国	29252.2	14913.4	868.6	13470.2	63736.4
北方地区	8057.8	2071.6	161.9	5824.4	19313.1
南方地区	21194.4	12841.8	706.7	7645.8	44423.3
松花江区	698.9	255.6	0.0	443.3	1986.3
辽河区	1063.2	190.8	0.0	872.4	2207.5
海河区	3369.1	327.2	4.0	3038.0	5319.8
黄河区	995.8	449.5	0.0	546.3	4124.1
淮河区	1698.0	745.1	157.9	794.9	5000.6
长江区	10287.1	7435.3	663.3	2188.5	25950.4
其中：太湖流域	2434.6	1728.0	599.9	106.7	3982.7
东南诸河区	3128.4	987.5	28.0	2112.9	5897.2
珠江区	7644.4	4362.0	1.0	3281.4	11922.3
西南诸河区	134.5	57.1	14.4	63.0	653.4
西北诸河区	232.8	103.3	0.0	129.5	674.8

多，分别为 1472 处、1035 处、844 处、839 处和 816 处，分别占全国地表水水源地总数量的 12.6%、8.9%、7.2%、7.2% 和 7.0%；上海、天津和北京 3 市地表水水源地数量较少，分别为 3 处、3 处和 11 处。省级行政区地表水水源地数量分布见图 3 - 1 - 2。

各地区地表水水源地供水量与其水资源总量、总人口、经济发展水平、集中供水程度、地表水供水权重等有关。总体而言，地表水资源丰沛、经济发达、人口稠密、集中供水程度较高的广东、浙江和江苏地表水水源地 2011 年供水量较大，分别为 132.67 亿 m³、55.48 亿 m³ 和 53.57 亿 m³，分别占全国地表水水源地总供水量的 22.3%、9.3% 和 9.0%；西藏、宁夏和青海等 3 省（自治区）地表水水源地供水量较小，分别为 0.18 亿 m³、0.22 亿 m³ 和 0.49 亿 m³。省级行政区地表水水源地 2011 年供水量分布见图 3 - 1 - 3。

从水源类型看，天津、河北和辽宁 3 省（直辖市）水库型水源地供水量比例较高，占其地表水水源地总供水量比例分别为 100%、98.6% 和 86.8%，黑龙江、北京、山东和陕西等省（直辖市）水库型水源地供水量比例为 76.0% ～ 80%；西藏、江苏、内蒙古等 3 省（自治区）比例较低，分别为 1.1%、3.8% 和 5.4%。省级行政区水库型水源地供水量比例分布见图 3 - 1 - 4。

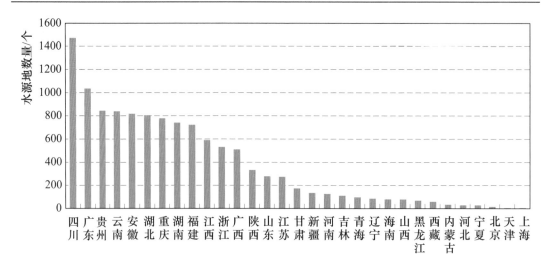

图 3-1-2　省级行政区地表水水源地数量分布

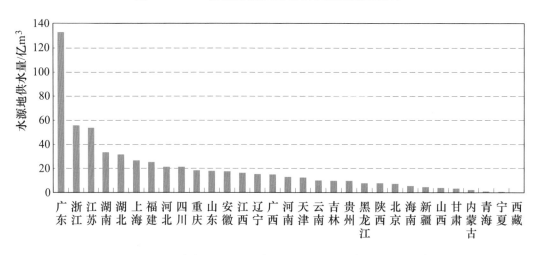

图 3-1-3　省级行政区地表水水源地 2011 年供水量分布

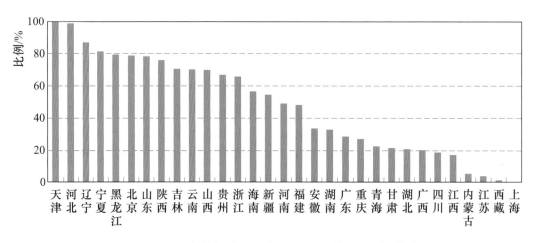

图 3-1-4　省级行政区水库型水源地供水量比例分布

2. 供水能力

我国东部地区地表水水源地日供水能力为 19007.5 万 m³/d，占全国地表水水源地总供水能力的 65.0%，中部、西部地区供水能力接近，分别为 5960.6 万 m³/d 和 4284.1 万 m³/d，分别占全国地表水水源地总供水能力的 20.4% 和 14.6%。省级行政区中，广东、浙江和江苏等 3 省日供水能力较强，分别为 6440.2 万 m³/d、2471.7 万 m³/d 和 2203.4 万 m³/d，分别占全国地表水水源地总供水能力的 22.0%、8.4% 和 7.5%，供水人口分别为 8791.8 万人、4975.8 万人和 5628.6 万人。省级行政区地表水水源地供水能力分布见图 3-1-5。

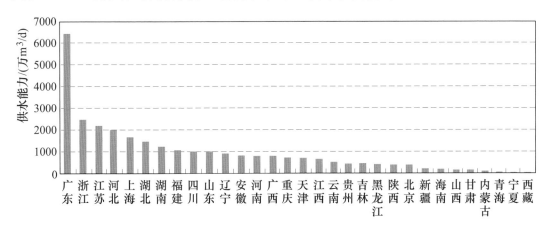

图 3-1-5　省级行政区地表水水源地供水能力分布

第二节　重点区域情况

一、重要经济区

全国 27 个重要经济区中，共有地表水水源地 7708 处，占全国地表水水源地总数的 66.1%，2011 年供水量为 509.43 亿 m³，占全国地表水水源地总供水量的 85.5%。

重庆经济区和成都经济区地表水水源地数量较多，为 1807 个，但多为中小型，占全国重点经济区地表水水源地总数量的 23.4%；珠江三角洲地区、长江三角洲地区地表水水源地 2011 供水量较大，分别为 115.03 亿 m³、112.25 亿 m³，各占全国重点经济区地表水水源地总供水量的 22.6%、22.0%。藏中南区地表水水源地数量仅 1 个，供水量为 0.04 亿 m³；宁夏沿黄经济地区地表水水源地数量虽有 4 个，但其供水量仅为 0.02 亿 m³。

按供水水源类别统计，河流型、湖泊型和水库型水源地数量分别为 4370

处、142 处和 3196 处，所占比例分别为 56.7%、1.8% 和 41.5%；2011 年供水量分别为 287.47 亿 m³、17.85 亿 m³ 和 204.11 亿 m³，所占比例分别为 56.4%、3.5% 和 40.1%。

重要经济区地表水水源地主要以河流型和水库型为主，水资源较匮乏地区以水库型水源地供水为主，如环渤海地区、冀中南地区、太原城市群、哈长地区、中原地区、晋中地区、关中-天水地区和天山北坡经济区，水资源较丰富地区则以河流型水源地供水为主，如长江三角洲地区、珠江三角洲地区、长江中游地区和成渝地区等。山区地貌为主的海峡西岸经济区和滇中地区也以水库型水源地供水为主。重要经济区不同供水水源地表水水源地数量与供水量见表 3-2-1、图 3-2-1 和图 3-2-2。

表 3-2-1　　　　　　　重要经济区地表水水源地数量与供水量

重要经济区		水源地数量/处				2011 年供水量/亿 m³			
		总数	河流	湖泊	水库	总量	河流	湖泊	水库
环渤海地区	京津冀地区	32	10		22	35.39	1.79		33.60
	辽中南地区	79	34		45	14.28	1.98		12.30
	山东半岛地区	187	27		160	11.36	0.71		10.65
	小计	298	71		227	61.04	4.47		56.56
长江三角洲地区		531	225	21	285	112.25	75.43	14.00	22.82
珠江三角洲地区		466	180		286	115.03	85.44		29.60
冀中南地区		9	1	1	7	5.07	0.02		5.05
太原城市群		40	23		17	3.18	0.67		2.51
呼包鄂榆地区		28	21		7	2.21	2.00		0.20
哈长地区	哈大齐工业走廊与牡绥地区	32	22		10	5.12	0.46		4.66
	长吉图经济区	28	16		12	5.98	1.82		4.17
	小计	60	38		22	11.11	2.28		8.83
东陇海地区		58	27	1	30	2.35	1.35	0.54	0.46
江淮地区		693	464	66	163	13.56	7.46	0.56	5.54
海峡西岸经济区		1224	740	1	483	46.91	18.73	0.52	27.66
中原经济区		163	61	3	99	14.27	6.41	1.37	6.49
长江中游地区	武汉城市圈	358	216	20	122	20.13	18.13	0.26	1.74
	环长株潭城市群	417	228	3	186	23.52	16.81	0.03	6.68
	鄱阳湖生态经济区	401	306	17	78	9.85	7.29	0.51	2.06
	小计	1176	750	40	386	53.51	42.23	0.80	10.48

续表

重要经济区		水源地数量/处				2011 年供水量/亿 m³			
		总数	河流	湖泊	水库	总量	河流	湖泊	水库
北部湾地区		228	131		97	12.07	7.58		4.50
成渝地区	重庆经济区	631	318		313	16.73	12.71		4.02
	成都经济区	1176	781		395	17.69	14.19		3.50
	小计	1807	1099		708	34.42	26.90		7.52
黔中地区		400	270	1	129	6.62	1.70		4.92
滇中地区		312	111	7	194	5.74	0.59	0.02	5.13
藏中南地区		1	0	1	0	0.04	0.00	0.04	0.00
关中-天水地区		97	51		46	5.60	1.11		4.49
兰州-西宁地区		79	72		7	2.01	1.91		0.10
宁夏沿黄经济区		4	4		0	0.02	0.02		0.00
天山北坡经济区		34	31		3	2.42	1.15		1.27
总　计		7708	4370	142	3196	509.43	287.47	17.85	204.11

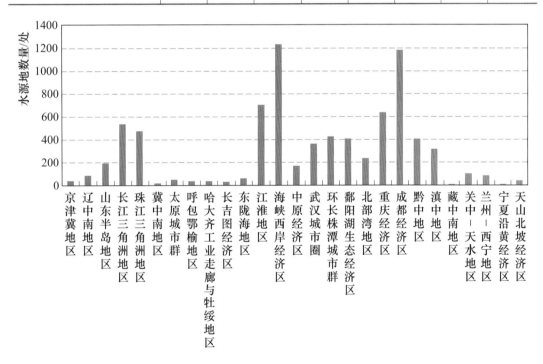

图 3-2-1　重要经济区地表水水源地数量分布

从水源地供水能力和供水人口看，珠江三角洲地区、长江三角洲地区和环渤海地区供水能力和供水人口均较高，供水能力分别为 5537.8 万 m³/d、5176.7 万 m³/d 和 4401.4 万 m³/d，相应供水人口分别为 6113.5 万人、

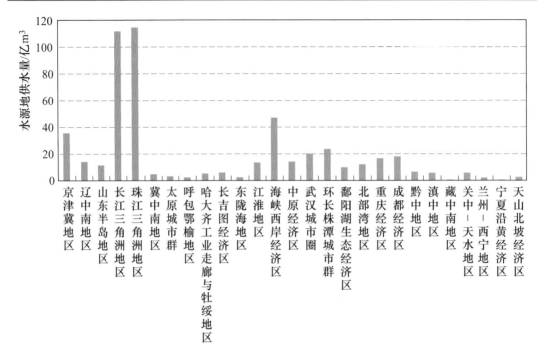

图 3-2-2　重要经济区地表水水源地 2011 年供水量分布

9791.7 万人和 7668.8 万人。重要经济区地表水水源地供水能力与供水人口见表 3-2-2。

表 3-2-2　　重要经济区地表水水源地供水能力与供水人口

重要经济区		供水能力/（万 m^3/d）				供水人口/万人
		总供水能力	河流	湖泊	水库	
环渤海地区	京津冀地区	2890.2	215.7		2674.5	3682.7
	辽中南地区	838.4	176.6		661.7	1760.4
	山东半岛地区	672.9	53.6		619.3	2225.6
	小计	4401.4	445.9		3955.5	7668.8
长江三角洲地区		5176.7	3586.5	619.4	970.7	9791.7
珠江三角洲地区		5537.8	3252.6		2285.1	6113.5
冀中南地区		172.7	0.6	4.0	168.1	651.4
太原城市群		114.7	41.7		73.0	576.6
呼包鄂榆地区		87.5	55.5		32.0	454.0
哈长地区	哈大齐工业走廊与牡绥地区	259.7	92.5		167.2	647.3
	长吉图经济区	235.9	101.0		134.9	777.0
	小计	495.6	193.6		302.1	1424.2

续表

重要经济区		供水能力/（万 m³/d）				供水人口/万人
		总供水能力	河流	湖泊	水库	
东陇海地区		143.8	66.4	15.0	62.4	456.6
江淮地区		668.8	366.0	33.7	269.0	2173.9
海峡西岸经济区		2173.4	842.2	17.0	1314.2	4656.9
中原经济区		849.3	474.8	101.0	273.5	1725.7
长江中游地区	武汉城市圈	897.9	794.7	10.9	92.4	2240.3
	环长株潭城市群	893.3	542.4	0.6	350.4	1898.0
	鄱阳湖生态经济区	439.9	351.1	17.5	71.2	1390.4
	小计	2231.1	1688.1	29.0	514.0	5528.7
北部湾地区		623.8	324.1		299.8	1241.7
成渝地区	重庆经济区	637.1	445.0		192.1	1674.6
	成都经济区	843.7	673.3		170.4	3284.3
	小计	1480.8	1118.3		362.5	4958.9
黔中地区		312.7	70.7		242.1	1049.1
滇中地区		308.8	23.9	1.0	283.9	951.3
藏中南地区		1.1	0.0	1.1	0.0	5.0
关中-天水地区		240.8	58.5		182.2	922.9
兰州-西宁地区		89.9	86.7		3.2	481.4
宁夏沿黄经济区		1.3	1.3		0.0	16.2
天山北坡经济区		109.8	49.7		60.1	245.3
总　计		25221.7	12747.1	821.2	11653.4	51094.0

二、重要能源基地

全国 5 片 17 处重要能源基地中，共有地表水水源地 694 处，占全国地表水水源地总数量的 6.0%，2011 年供水量为 19.21 亿 m³，占全国地表水水源地 2011 年总供水量的 3.2%。

按供水水源类别统计，重要能源基地的地表水水源地中无湖泊型水源地，河流型和水库型水源地数量分别为 456 处和 238 处，所占比例分别为 65.7% 和 34.3%；2011 年供水量分别为 5.31 亿 m³ 和 13.90 亿 m³，所占比例分别为 27.6% 和 72.4%。

　　全国重要能源基地的片区中，西南地区中小型地表水水源地数量最多，为452处，占全国重要能源基地地表水水源地总数量的65.1%；东北地区地表水水源地数量较少，仅为28处，但2011年供水量较多，为7.39亿 m^3，占全国重要能源基地地表水水源地供水总量的38.5%；新疆片区2011年供水量最少，为2.10亿 m^3，占11.0%。

　　重要能源基地地表水水源地主要以水库型为主。其中晋中煤炭基地、晋东煤炭基地、神东煤炭基地、准东煤炭石油基地、伊犁煤炭基地、吐哈煤炭石油基地和库拜煤炭基地等7个煤炭基地以河流型地表水水源地供水为主，其他均以水库型水源地供水为主。重要能源基地地表水水源地数量与供水量见表3-2-3。重要能源基地地表水水源地供水能力及供水人口见表3-2-4。重要能源基地地表水水源地2011年供水量分布见图3-2-3。

表3-2-3　　　　　　　　重要能源基地地表水水源地数量与供水量

重要能源基地		水源地数量/处				2011年供水量/万 m^3			
		总数	河流	湖泊	水库	总量	河流	湖泊	水库
山西	晋北煤炭基地	6	3		3	23666.3	312.3		23354.0
	晋中煤炭基地（含晋西）	15	12		3	3405.2	3061.6		343.6
	晋东煤炭基地	35	21		14	7777.1	6379.1		1398.1
	小计	56	36		20	34848.6	9753.0		25095.7
鄂尔多斯盆地	陕北能源化工基地	42	24		18	8508.9	1634.5		6874.4
	黄陇煤炭基地	23	8		15	5757.3	2306.6		3450.7
	神东煤炭基地	3	2		1	13494.0	12833.7		660.3
	鄂尔多斯市能源与重化工产业基地	14	11		3	1025.3	614.9		410.4
	宁东煤炭基地	2	1		1	831.0	180.0		651.0
	陇东能源化工基地	19	12		7	3135.9	946.5		2189.4
	小计	103	58		45	32752.3	18516.1		14236.2
东北地区	蒙东（东北）煤炭基地	25	11		14	55995.5	1556.9		54438.5
	大庆油田	3			3	17885.0	0.0		17885.0
	小计	28	11		17	73880.5	1556.9		72323.5
西南地区	云贵煤炭基地	452	306		146	29583.5	10511.3		19072.2

重要能源基地		水源地数量/处				2011年供水量/万 m³			
		总数	河流	湖泊	水库	总量	河流	湖泊	水库
新疆	准东煤炭、石油基地	14	11		3	904.3	745.9		158.4
	伊犁煤炭基地	18	18			6619.8	6619.8		0.0
	吐哈煤炭、石油基地	13	9		4	3370.2	2213.3		1156.9
	克拉玛依-和丰石油、煤炭基地	7	4		3	9803.9	2852.0		6951.9
	库拜煤炭基地	3	3			339.2	339.2		0.0
	小计	55	45		10	21037.4	12770.1		8267.2
总　计		694	456		238	192102.4	53107.5		138994.9

表 3-2-4　重要能源基地地表水水源地供水能力及供水人口

重要能源基地		供水能力/（万 m³/d）				供水人口/万人
		小计	河流	湖泊	水库	
山西	晋北煤炭基地	67.0	0.8		66.2	381.8
	晋中煤炭基地（含晋西）	10.9	9.8		1.1	109.9
	晋东煤炭基地	51.6	41.7		9.9	178.4
	小计	129.5	52.2		77.2	670.0
鄂尔多斯盆地	陕北能源化工基地	59.1	10.0		49.1	147.2
	黄陇煤炭基地	18.5	6.2		12.3	89.9
	神东煤炭基地	38.5	35.0		3.5	302.4
	鄂尔多斯市能源与重化工产业基地	3.4	1.1		2.2	17.7
	宁东煤炭基地	5.5	0.5		5.0	29.0
	陇东能源化工基地	12.2	3.6		8.6	86.6
	小计	137.0	56.4		80.7	672.8
东北地区	蒙东（东北）煤炭基地	205.2	5.8		199.4	1061.2
	大庆油田	87.0	0.0		87.0	140.0
	小计	292.2	5.8		286.4	1201.2
西南地区	云贵煤炭基地	163.9	62.9		101.0	713.0
新疆	准东煤炭、石油基地	9.5	8.8		0.7	29.9
	伊犁煤炭基地	25.5	25.5		0.0	42.0
	吐哈煤炭、石油基地	13.5	7.0		6.5	45.9

续表

重要能源基地		供水能力/（万 m³/d）				供水人口/万人
		小计	河流	湖泊	水库	
新疆	克拉玛依-和丰石油、煤炭基地	41.8	9.4		32.5	28.9
	库拜煤炭基地	0.9	0.9		0.0	9.9
	小计	91.2	51.6		39.6	156.6
总　计		813.8	228.9		584.9	3413.6

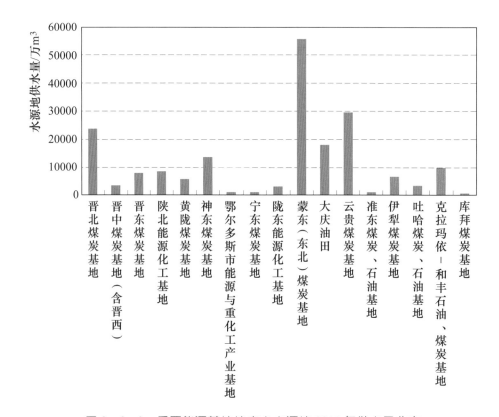

图 3-2-3　重要能源基地地表水水源地 2011 年供水量分布

第四章　江　河　治　理　情　况

随着我国经济社会发展，水利建设投入大幅度增加，江河治理步伐明显加快，主要江河防洪能力显著提高，初步形成了大江大河防洪减灾体系。本章主要介绍了我国河流治理的总体情况、主要河流及中小河流的治理情况。

第一节　总　体　情　况

全国流域面积 100km² 及以上的河流为 22909 条❶，河流总长度为111.46 万 km。本次普查全国流域面积 100km² 及以上有防洪任务的河流❷15638 条，占全国 100km² 及以上河流总数的 68.3％。有防洪任务河段长度为 37.39 万 km，占全国流域面积 100km² 及以上河流总长度的 33.5％，已治理河段❸长度 12.34 万 km，治理达标河段长度 6.45 万 km。全国治理保护河段长度分布示意图见附图 E7，全国已治理河段长度比例分布示意图见附图 E8。

一、防洪河段

全国流域面积 100km² 及以上河流中，有防洪任务的河段长度 37.39 万km。其中，流域面积 1 万 km² 及以上河流有防洪任务的河段长度为 6.27 万km，占全国有防洪任务河段总长度的 16.8％；3000（含）～10000km² 的河流有防洪任务的河段长度为 4.07 万 km，占 10.9％；100（含）～3000km² 的河流有防洪任务的河段长度为 22.59 万 km，占 60.4％；此外平原河网地区河流有防洪任务的河段长度为 4.46 万 km，占 11.9％。

全国有防洪任务的河段中，规划防洪标准 50 年一遇及以上河段长度为2.98 万 km，占全国有防洪任务河段长度的 8.0％；20 年一遇至 50 年一遇的河段长度 12.56 万 km，占有防洪任务河段长度的 33.5％；20 年一遇以下的河

---

❶　来自河湖基本情况普查成果。

❷　有防洪任务的河流指在流域综合规划、防洪规划以及区域规划等有关规划中确定的承担防洪保护区防洪任务的河流或河段，以及虽没有系统规划但有防洪要求进行过防洪治理的河流。

❸　已治理河段、未治理河段、治理达标河段概念界定详见附录 A。

段长度 21.86 万 km，占有防洪任务河段长度的 58.5%。全国不同规划防洪标准河段长度见表 4 - 1 - 1。

表 4 - 1 - 1　　　　　　　　　全国不同规划防洪标准河段长度

河流流域面积/km²	不同规划防洪标准的河段长度/km				
	小计	<20 年一遇	≥20 年一遇且<30 年一遇	≥30 年一遇且<50 年一遇	≥50 年一遇
10000 及以上	62740	24224	18406	7891	12219
3000（含）～10000	40716	20069	15212	2313	3122
小于 3000	225879	155829	56619	7215	6216
平原河流①	44598	18463	13845	4094	8196
全国　河段长度/km	373933	218585	104082	21513	29753
全国　比例/%	100	58.5	27.8	5.7	8.0

①　平原河流：指流域内地形起伏小、单条河流流域边界无法清晰界定，但多条河流边界能清晰界定的河流。

从不同流域面积的河流防洪标准看，流域面积大的河流防洪标准相对较高，平原区河流防洪标准也相对较高。流域面积 1 万 km² 及以上河流中，规划防洪标准 50 年一遇及以上河段长度占比（占其有防洪任务河段长度）为 19.5%；平原区河流中，规划防洪标准 50 年一遇及以上河段长度占比为 18.4%；流域面积 3000km² 以下中小河流中，规划防洪标准 50 年一遇及以上河段长度占比仅为 2.8%，相对较低，而其防洪标准 20 年一遇以下河段所占比例则达 69.0%。不同流域面积的河流其不同规划防洪标准河段长度所占比例见图 4 - 1 - 1。

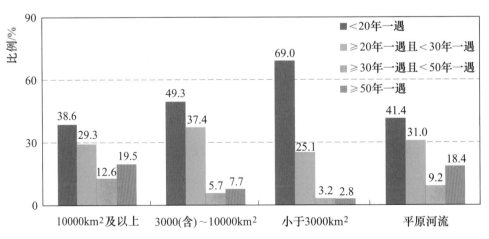

图 4 - 1 - 1　不同规划防洪标准河段长度所占比例

全国有防洪任务的河段中，规划防洪标准 50 年一遇及以上河段总长度为 29.75 万 km，其中流域面积 1 万 km^2 及以上河流占比为 41.1%；流域面积 $3000km^2$ 以下的中小河流占比 20.9%。规划防洪标准低于 20 年一遇的河段总长度为 21.86 万 km，其中流域面积 1 万 km^2 及以上的河流占比为 11.1%；流域面积 $3000km^2$ 以下的河流占比 71.3%。

二、治理达标情况

全国有防洪任务的河段中，已治理河段总长度为 12.34 万 km，未治理河段长度为 25.05 万 km，治理比例为 33.0%；治理达标河段长度为 6.45 万 km，治理达标比例为 52.2%。

从河流的治理程度看，规划防洪标准较高的河段，其治理比例和达标比例相对也较高，如规划防洪标准大于等于 50 年一遇的河段，治理比例为 68.0%，治理达标比例为 68.8%；规划防洪标准介于 20 年一遇至 50 年一遇的河段，治理比例为 38.0%，治理达标比例为 54.0%；规划防洪标准小于 20 年一遇的河段，治理比例为 25.3%，治理达标比例为 44.7%。全国河流治理及达标情况见图 4-1-2，全国不同规划防洪标准河流治理及达标情况见表 4-1-2。

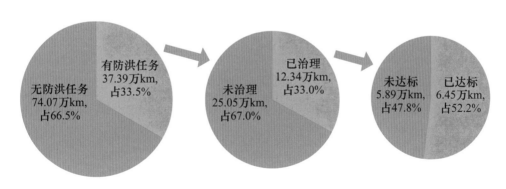

图 4-1-2　全国河流治理及达标情况

表 4-1-2　　　全国不同规划防洪标准河流治理及达标情况

防洪标准	有防洪任务河段长度/km	已治理河段		治理达标河段	
		长度/km	治理比例/%	长度/km	治理达标比例/%
全国	373933	123407	33.0	64479	52.2
<20 年一遇	218585	55378	25.3	24754	44.7
≥20 年一遇且<30 年一遇	104082	37200	35.7	19932	53.6

防洪标准	有防洪任务河段长度/km	已治理河段		治理达标河段	
		长度/km	治理比例/%	长度/km	治理达标比例/%
≥30年一遇且<50年一遇	21512	10586	49.2	5850	55.3
≥50年一遇且<100年一遇	23379	15592	66.7	10337	66.3
≥100年一遇	6375	4651	73	3606	77.5

注 治理比例＝已治理河段长度/有防洪任务河段长度×100%；治理达标比例＝治理达标河段长度/已治理河段长度×100%。

总体来看，我国流域面积较大河流和平原地区重要河流治理及达标比例相对较高，流域面积小于 3000km² 的中小河流治理及达标比例相对较低。流域面积 10000km² 及以上河流有防洪任务河段长度 6.27 万 km，已治理河段长度为 2.68 万 km，治理比例 42.7%；治理达标河段长度为 1.60 万 km，治理达标比例 59.8%；平原区河流有防洪任务河段长度 4.46 万 km，已治理河段长度为 2.89 万 km，治理比例 64.8%；治理河段达标长度为 1.51 万 km，治理达标比例 52.4%。流域面积小于 3000km² 的中小河流有防洪任务河段长度 22.59 万 km，已治理河段长度为 5.40 万 km，治理比例 23.9%；治理河段达标长度为 2.63 万 km，治理达标比例 48.6%。不同流域面积的河流治理及达标情况见表 4-1-3。

表 4-1-3　　　　　　**不同流域面积的河流治理及达标情况**

河流流域面积/km²	有防洪任务河段长度/km	已治理河段		治理达标河段	
		长度/km	治理比例/%	长度/km	治理达标比例/%
10000 及以上	62740	26800	42.7	16040	59.8
3000（含）～10000	40716	13680	33.6	7015	51.3
100（含）～3000	225879	54020	23.9	26276	48.6
平原河流	44598	28907	64.8	15148	52.4

注 河流治理河长均指干流河长。

第二节 分区治理情况

我国地域辽阔、江河众多，受地形地貌、河流特征、经济发展水平、防洪保护区重要程度等因素的影响，不同区域的河流治理程度差别较大。本节主要介绍了水资源一级区、省级行政区以及重点区域的河流治理情况。

一、水资源一级区

(一) 有防洪任务河段长度

水资源一级区中，长江区有防洪任务河段长度最长，为 11.86 万 km，占全国有防洪任务河段总长度的 31.7%；西南诸河区、东南诸河区和辽河区有防洪任务河段长度较短，分别为 1.28 万 km、1.56 万 km 和 2.28 万 km，分别占全国有防洪任务河段总长度的 3.4%、4.2% 和 6.1%。从有防洪任务河段长度占其河流总长度比例看，平原区占比较高的淮河区和海河区有防洪任务河长占比较高，分别为 73.0% 和 67.9%，人口较少的西北诸河区和山区占比较高的西南诸河区有防洪任务河长占比较低，分别为 9.2% 和 11.7%。水资源一级区河流治理及达标情况见表 4-2-1，总河长及有防洪任务河长分布见图 4-2-1。

表 4-2-1 水资源一级区河流治理及达标情况

水资源一级区	有防洪任务的河段		已治理河段		治理达标河段	
	长度/km	占总河长比例/%	长度/km	治理比例/%	长度/km	治理达标比例/%
全国	373933	33.5	123407	33.0	64479	52.2
北方地区	190859	30.3	70857	37.1	37383	52.8
南方地区	183074	37.8	52551	28.7	27095	51.6
松花江区	36134	29.3	13447	37.2	6107	45.4
辽河区	22788	53.0	9049	39.7	4747	52.5
海河区	31368	67.9	14451	46.1	4648	32.2
黄河区	36660	35.6	9526	26.0	6619	69.5
淮河区	40135	73.0	21006	52.3	13139	62.5
长江区	118604	45.6	36246	30.6	16860	46.5
其中：太湖流域	5196	79.0	3609	69.5	3114	86.3
东南诸河区	15592	50.0	5765	37.0	3636	63.1
珠江区	36083	43.4	8830	24.5	5422	61.4
西南诸河区	12795	11.7	1710	13.4	1177	68.8
西北诸河区	23774	9.2	3378	14.2	2123	62.8

(二) 河段治理达标情况

从水资源一级区治理情况看，长江区已治理河段长度为 3.62 万 km，治

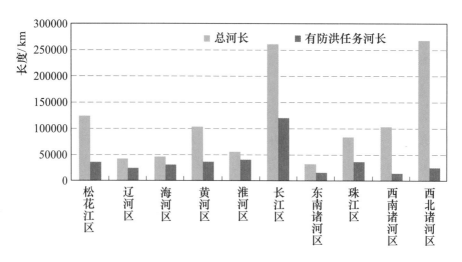

图 4-2-1　水资源一级区总河长及有防洪任务河长分布

理达标长度为 1.69 万 km，治理比例和治理达标比例分别为 30.6％和 46.5％；黄河区已治理河段长度为 0.95 万 km，治理达标长度为 0.66 万 km，治理比例和治理达标比例分别为 26.0％和 69.5％。淮河区治理比例和治理达标比例相对均较高，分别为 52.3％和 62.5％；海河区治理比例为 46.1％，相对较高，而治理达标比例为 32.2％，则相对较低；西北诸河区和西南诸河区治理比例较低，分别为 14.2％和 13.4％。从我国南北方河流治理情况看，北方地区治理比例高于南方地区，治理达标比例南北方差别不大。

我国 20 世纪六七十年代曾开展了大规模的河道治理，20 世纪 90 年代淮河、长江、松花江大水后又进一步加大江河治理力度，但随着经济社会的快速发展，防洪保护区内的人口及财富的不断增加，防洪标准相应提高，加之自然及人为因素造成的堤防损坏、河道淤积等问题，部分曾经治理过的河道已经不能满足新的防洪要求。如海河区，将近 50 年没有发生大洪水，许多河道多年未再进行治理，加之地面下沉、河口淤积等问题，导致已治理河道达标比例较低。水资源一级区河流治理及达标情况详见表 4-2-1，有防洪任务河段治理情况分布见图 4-2-2，河段治理比例分布见图 4-2-3，治理河段达标比例分布见图 4-2-4。

二、省级行政区

（一）有防洪任务河段长度

省级行政区中，中东部多数省份防洪任务相对较重，有防洪任务河段长度大于 2 万 km 的有湖南、湖北和黑龙江 3 省，长度分别为 2.22 万 km、2.04 万 km 和 2.03 万 km；长度小于 1 万 km 的除 4 个直辖市外，还包括海南、宁夏、

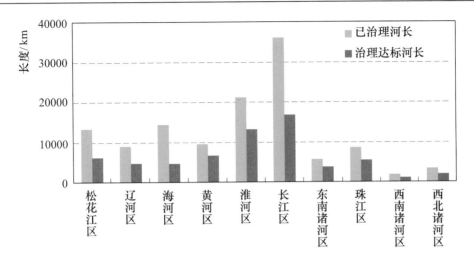

图 4-2-2　水资源一级区有防洪任务河段治理情况分布

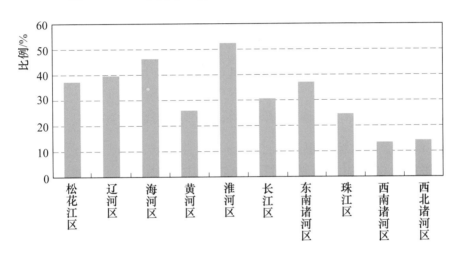

图 4-2-3　水资源一级区有防洪任务河段治理比例分布

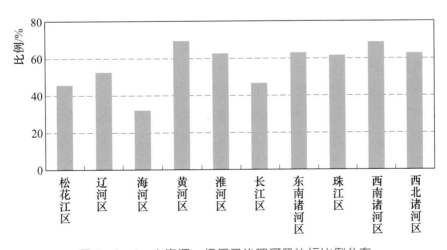

图 4-2-4　水资源一级区已治理河段达标比例分布

青海、贵州、福建和山西 6 省（自治区）。从有防洪任务河长占比（占其河流总长度比例）看，平原区面积占比较大、人口密集省份有防洪任务河长占比较高，如上海、北京、山东和江苏 4 省（直辖市），占比分别为 99.7％、85.0％、77.2％和 72.3％；青海、西藏、新疆和海南 4 省（自治区）占比较低，分别为 5.4％、7.8％、11.9％和 12.1％。省级行政区总河长及有防洪任务河长分布见图 4-2-5。

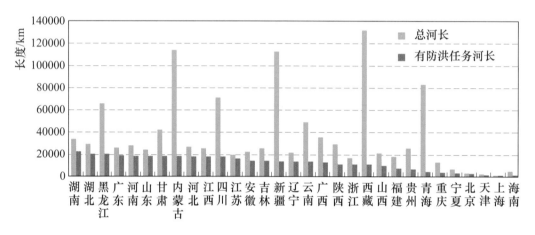

图 4-2-5　省级行政区总河长及有防洪任务河长分布

（二）河段治理达标情况

从省级行政区河流治理情况看，湖北、江苏和山东已治理河段长度较长，分别为 1.06 万 km、1.02 万 km 和 0.95 万 km；江苏、山东和河南治理达标长度较长，分别为 0.80 万 km、0.52 万 km 和 0.44 万 km。防洪任务相对较重的省级行政区中，治理比例相对较高的有江苏、安徽、山东和湖北，治理比例在 50％以上；治理比例相对较低的有湖南、江西、四川和甘肃，治理比例不到 25％；治理达标比例相对较高的有江苏、广东、山东、河南，治理达标比例在 50％以上；治理达标比例相对较低的有湖北、黑龙江、河北和安徽，治理达标比例不到 40％。

经济较发达的省份河流治理比例较高，如上海、天津和江苏治理比例分别为 75.9％、74.7％和 64.3％；平原面积比例较大的省份河流治理比例较高，如山东、河南、河北、黑龙江等省份；河网密度较大的省份河流治理比例较高，如江苏、湖北、安徽等省。省级行政区河流治理及达标情况详见附表 D8，有防洪任务河段长度治理比例见图 4-2-6，治理达标比例见图 4-2-7。

从东部、中部、西部地区河流治理情况看，东部地区河流治理程度较高，有防洪任务河段长度为 10.62 万 km，已治理河段长度为 4.89 万 km，治理比

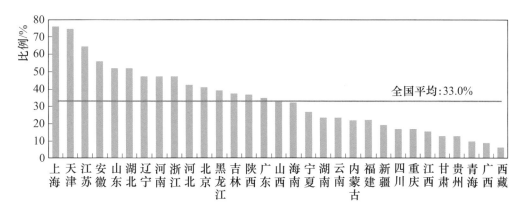

图 4-2-6　省级行政区有防洪任务河段长度治理比例分布

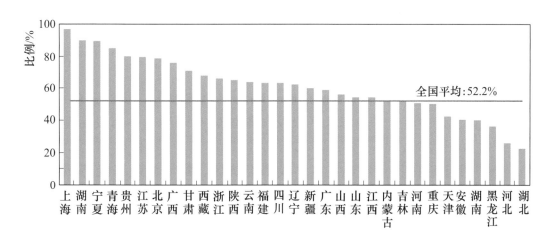

图 4-2-7　省级行政区已治理河段达标长度比例分布

例为 46.1%；治理达标河段长度 2.88 万 km，占其有防洪任务河长的 27.1%。中部地区治理情况次之，其有防洪任务河长为 13.67 万 km，已治理河段长度为 5.14 万 km，治理比例为 37.6%；治理达标河段长度为 2.09 万 km，占其有防洪任务河长的 15.3%。西部地区河流治理程度总体较低，其有防洪任务河段长度为 13.10 万 km，已治理河段长度为 2.30 万 km，治理比例为17.6%；治理达标河段长度为 1.48 万 km，占其有防洪任务河长的 11.3%。东部、中部、西部地区河流治理及达标情况分布见图 4-2-8。

三、重点区域

（一）重要经济区

全国重要经济区有防洪任务河长 20.80 万 km，占全国有防洪任务河长的 55.6%；已治理河长 8.32 万 km，占全国已治理河长的 67.4%，治理比例

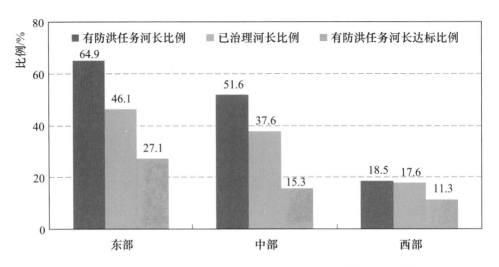

图 4-2-8 东部、中部、西部地区河流治理及达标情况分布

40.0%；治理达标河长 4.29 万 km，治理达标比例 51.5%，有防洪任务达标比例❶ 20.6%。

27 个重要经济区中，武汉城市圈、珠江三角洲地区、长江三角洲地区、环渤海地区的辽中南、东陇海地区以及江淮地区有防洪任务河段治理比例较高，分别为 69.2%、68.2%、59.6%、57.2%、57.1% 和 54.7%；黔中地区、兰州-西宁地区、重庆经济区、成都经济区、鄱阳湖生态经济区和北部湾地区等重要经济区治理比例较低，均低于 20%。重要经济区河流治理情况分布见图 4-2-9，河流治理长度比例分布见图 4-2-10，河流治理及达标情况见表 4-2-2。

从重要经济区治理达标情况看，宁夏沿黄经济区、黔中地区、长江三角洲地区、关中-天水地区治理达标比例较高，均在 70% 以上；环长株潭城市群、江淮地区和武汉城市圈地区治理达标比例较低，均在 30% 以下。

部分重要经济区河流治理比例虽然较高，但许多河段治理未达标，如长江中游地区的武汉城市圈有防洪任务河长治理比例最高，为 69.2%，但其治理达标比例仅为 22.2%；江淮地区治理比例为 54.7%，治理达标比例仅为 28.9%。重要经济区河流治理达标比例、有防洪任务河长达标比例分布见图 4-2-11。

（二）粮食主产区

全国粮食主产区有防洪任务河长 16.94 万 km，占全国有防洪任务河长的 45.3%；已治理河长 6.34 万 km，占全国已治理河长的 51.4%，治理比例 37.5%，

---

❶ 有防洪任务达标比例：指治理达标河长占有防洪任务河长的比例。

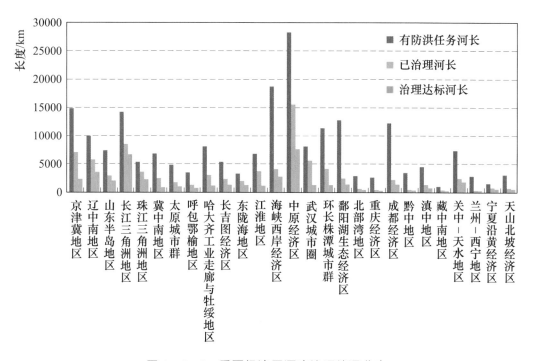

图 4-2-9 重要经济区河流治理情况分布

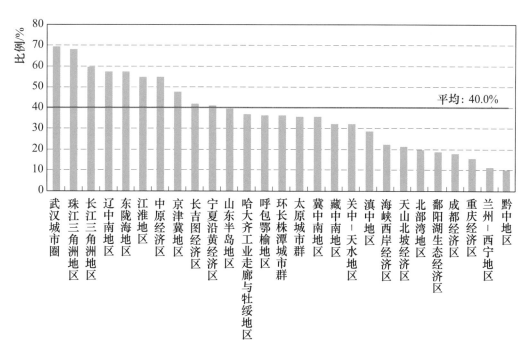

图 4-2-10 重要经济区河流治理长度比例分布

表 4 - 2 - 2   **重要经济区河流治理及达标情况**

重要经济区		有防洪任务河长/km	已治理河段		治理达标河段		
			长度/km	治理比例/%	长度/km	治理达标比例/%	有防洪任务达标比例/%
环渤海地区	京津冀地区	14749	6958	47.2	2214	31.8	15.0
	辽中南地区	9889	5657	57.2	3458	61.1	35.0
	山东半岛地区	7212	2822	39.1	1950	69.1	27.0
	小计	31850	15437	48.5	7622	49.4	23.9
长江三角洲地区		14091	8393	59.6	6533	77.8	46.4
珠江三角洲地区		5212	3555	68.2	2155	60.6	41.4
冀中南地区		6720	2364	35.2	787	33.3	11.7
太原城市群		4739	1673	35.3	900	53.8	19.0
呼包鄂榆地区		3359	1216	36.2	658	54.1	19.6
哈长地区	哈大齐工业走廊与牡绥地区	8032	2934	36.5	1040	35.5	12.9
	长吉图经济区	5183	2167	41.8	1245	57.4	24.0
	小计	13215	5101	38.6	2285	44.8	17.3
东陇海地区		3182	1818	57.1	1112	61.2	34.9
江淮地区		6671	3646	54.7	1055	28.9	15.8
海峡西岸经济区		18636	4059	21.8	2680	66.0	14.4
中原经济区		28181	15398	54.6	7538	49.0	26.7
长江中游地区	武汉城市圈	7900	5466	69.2	1215	22.2	15.4
	环长株潭城市群	11292	4076	36.1	1201	29.5	10.6
	鄱阳湖生态经济区	12626	2332	18.5	1320	56.6	10.5
	小计	31818	11874	37.3	3736	31.5	11.7
北部湾地区		2775	541	19.5	359	66.3	12.9
成渝地区	重庆经济区	2508	376	15.0	173	46.1	6.9
	成都经济区	12145	2122	17.5	1334	62.9	11.0
	小计	14653	2498	17.0	1508	60.4	10.3
黔中地区		3247	322	9.9	259	80.5	8.0
滇中地区		4395	1247	28.4	713	57.2	16.2
藏中南地区		881	281	31.8	178	63.6	20.2
关中-天水地区		7244	2294	31.7	1727	75.3	23.8

续表

重要经济区	有防洪任务河长/km	已治理河段		治理达标河段		
		长度/km	治理比例/%	长度/km	治理达标比例/%	有防洪任务达标比例/%
兰州-西宁地区	2676	286	10.7	170	59.5	6.4
宁夏沿黄经济区	1457	594	40.7	524	88.3	35.9
天山北坡经济区	2985	638	21.4	382	59.8	12.8
总　计	207988	83235	40.0	42881	51.5	20.6

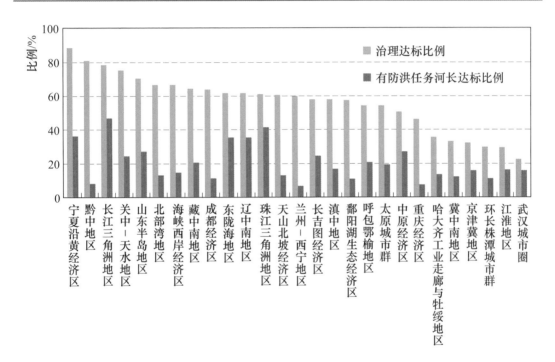

图 4-2-11　重要经济区河流达标比例分布

高于全国总体治理比例（33.0%）；治理达标河长 2.88 万 km，治理达标比例 45.5%，低于全国总体治理达标比例（52.2%），有防洪任务河段达标比例 17.0%。

从河流治理情况看，全国 17 个粮食主产带中，黄淮平原、黄海平原、长江下游地区和江汉平原区河流治理情况相对较好，有防洪任务的河流半数以上得到治理；粤桂丘陵区、四川盆地区、甘新地区、汾渭谷地区和浙闽区河流治理比例较低，不足 20%；鄱阳湖湖区和宁蒙河段区治理比例也偏低，治理比例不到 25%。

从治理达标情况看，全国 7 片粮食主产区中，汾渭平原、河套灌区、华南主产区和甘肃新疆生产区河流治理达标情况较好，治理达标比例在 60% 以上；长江流域和东北平原治理达标比例较低，分别为 34.5% 和 43.9%。粮食主产区河流治理及达标情况见表 4-2-3、图 4-2-12 和图 4-2-13。

表 4-2-3　　　　　　　　　　粮食主产区河流治理及达标情况

粮食主产区		有防洪任务河长/km	已治理河段		治理达标河段		
			长度/km	治理比例/%	长度/km	治理达标比例/%	有防洪任务达标比例/%
东北平原	三江平原	8162	3440	42.1	1197	34.8	14.7
	松嫩平原	21732	7556	34.8	3169	41.9	14.6
	辽河中下游区	15685	6480	41.3	3299	50.9	21.0
	小计	45579	17476	38.3	7665	43.9	16.8
黄淮海平原	黄海平原	12729	7324	57.5	1962	26.8	15.4
	黄淮平原	27433	15894	57.9	9276	58.4	33.8
	山东半岛区	6019	2349	39.0	1285	54.7	21.4
	小计	46181	25566	55.4	12524	49.0	27.1
长江流域	洞庭湖湖区	12760	3688	28.9	1278	34.7	10.0
	江汉平原区	10664	5585	52.4	1057	18.9	9.9
	鄱阳湖湖区	8206	1752	21.3	942	53.8	11.5
	长江下游地区	5700	3259	57.2	1325	40.7	23.3
	四川盆地区	8793	1078	12.3	694	64.3	7.9
	小计	46123	15362	33.3	5296	34.5	11.5
汾渭平原	汾渭谷地区	6178	1062	17.2	803	75.6	13.0
河套灌区	宁蒙河段区	3343	736	22.0	495	67.2	14.8
华南主产区	浙闽区	2714	514	18.9	366	71.2	13.5
	粤桂丘陵区	3388	232	6.8	161	69.4	4.8
	云贵藏高原区	5169	1054	20.4	641	60.8	12.4
	小计	11271	1800	16.0	1168	64.9	10.4
甘肃新疆	甘新地区	10677	1436	13.5	897	62.4	8.4
总　计		169351	63439	37.5	28847	45.5	17.0

松嫩平原耕地面积最多，有 21436.6 万亩，2010 年粮食产量 6824.6 万 t。其有防洪任务河段、已治理河段和治理达标河段长度分别为 2.17 万 km、0.76 万 km 和 0.32 万 km，河流治理比例 34.8%，治理达标比例 41.9%，均

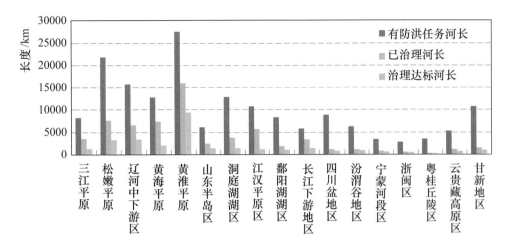

图 4 - 2 - 12 粮食主产区河流治理情况分布

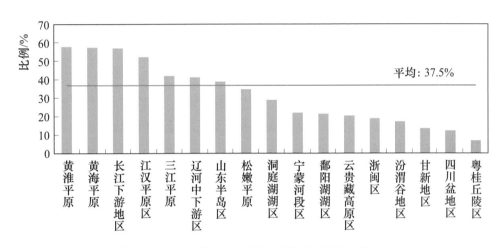

图 4 - 2 - 13 粮食主产区河流治理长度比例分布

略低于全国粮食主产区内河流平均治理比例及达标比例。

黄淮平原耕地面积仅次于松嫩平原，有 18386.4 万亩，2010 年粮食产量 9144.3 万 t，在 17 个粮食主产带中粮食产量最高；有防洪任务河段在 17 个粮食主产带中最长，为 2.74 万 km，已治理河段和治理达标河段长度分别为 1.59 万 km 和 0.93 万 km，河流治理比例 57.9%，治理达标比例 58.4%；与其他粮食主产带相比，其河流治理情况较好。

总的来看，位于我国东部平原地区的粮食主产带，多位于河道下游，区域经济发达，土地肥沃，粮食产出高，防洪任务较重，其河流治理情况相对较好；位于中西部地区的粮食主产带，其河流治理情况较差，特别是西部地区，降水少，气候干旱，多为引水灌溉，河流发生洪水几率小，灌区受洪水威胁较小，河流治理程度较低。有防洪任务河段达标比例在 20% 以上的仅有辽河中下游区、黄淮平原、山东半岛、长江下游地区，其他粮食主产带河流有防洪任务达标比例均不足20%。粮食主产区河流治理达标比例见图4-2-14。

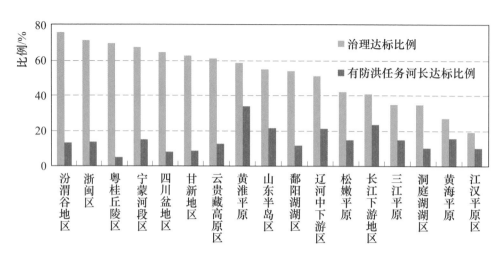

图4-2-14　粮食主产区河流治理达标比例分布

（三）重要能源基地

全国5片17个重要能源基地有防洪任务河长26329km，占全国有防洪任务河长的7.0%；已治理河长7551km，占全国已治理河长的6.1%，治理比例28.7%，低于全国总体治理比例（33.0%）；治理达标河长4565km，治理达标比例60.5%，有防洪任务河段达标比例17.3%，略高于全国平均值（17.2%）。

全国五大能源片区中，鄂尔多斯盆地片区有防洪任务河段最长，为7119km；山西片区已治理河长、治理达标河长均较高；西南地区和新疆等能源片区有防洪任务河长、已治理河长和治理达标河长均较低，治理比例不足25%。五大能源片区河流治理情况分布见图4-2-15。

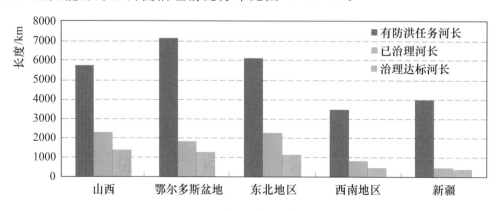

图4-2-15　五大能源片区河流治理情况分布

　　全国 17 个重要能源基地中，仅大庆油田有防洪任务河段半数以上得到治理，其他基地治理比例均不到 50%。从全国重要能源基地河流达标情况看，库拜煤炭基地、大庆油田、淮东煤炭石油基地、伊犁煤炭基地、吐哈煤炭石油基地、陇东能源化工基地、神东煤炭基地、鄂尔多斯市能源基地和宁东煤炭基地等河流治理达标情况较好，治理达标比例均在 80% 以上。重要能源基地河流治理及达标情况见表 4-2-4，河流治理情况分布见图 4-2-16，河流治理长度比例分布见图 4-2-17，河流治理达标比例分布见图 4-2-18。

表 4-2-4　　　　　　　　重要能源基地河流治理及达标情况

重要能源基地		有防洪任务河长/km	已治理河段		治理达标河段		
			长度/km	治理比例/%	长度/km	治理达标比例/%	有防洪任务达标比例/%
山西	晋北煤炭基地	1549	560	36.1	274	48.9	17.7
	晋中煤炭基地（含晋西）	2311	908	39.3	585	64.4	25.3
	晋东煤炭基地	1856	803	43.3	500	62.3	26.9
	小计	5716	2271	39.7	1358	59.8	23.8
鄂尔多斯盆地	陕北能源化工基地	1768	595	33.7	277	46.6	15.7
	黄陇煤炭基地	626	156	24.9	87	55.6	13.9
	神东煤炭基地	563	99	17.5	85	85.8	15.0
	鄂尔多斯市能源与重化工产业基地	1071	445	41.5	377	84.9	35.2
	宁东煤炭基地	1051	222	21.2	186	83.8	17.7
	陇东能源化工基地	2041	280	13.7	242	86.4	11.9
	小计	7119	1797	25.2	1255	69.8	17.6
东北地区	蒙东（东北）煤炭基地	5354	1857	34.7	745	40.1	13.9
	大庆油田	747	387	51.8	377	97.4	50.4
	小计	6102	2244	36.8	1122	50.0	18.4
西南地区	云贵煤炭基地	3446	794	23.0	452	57.0	13.1

续表

重要能源基地		有防洪任务河长/km	已治理河段		治理达标河段		
			长度/km	治理比例/%	长度/km	治理达标比例/%	有防洪任务达标比例/%
新疆	准东煤炭、石油基地	726	124	17.1	118	94.8	16.2
	伊犁煤炭基地	996	116	11.7	105	90.1	10.5
	吐哈煤炭、石油基地	212	77	36.4	69	89.6	32.6
	克拉玛依-和丰石油、煤炭基地	532	80	15.1	39	48.0	7.3
	库拜煤炭基地	1481	48	3.3	48	100.0	3.3
	小计	3947	446	11.3	378	84.8	9.6
总 计		26329	7551	28.7	4565	60.5	17.3

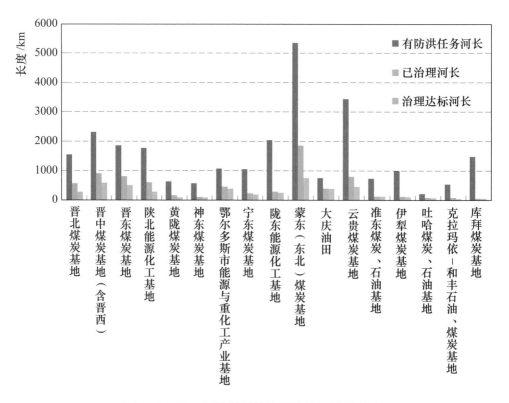

图 4-2-16 重要能源基地河流治理情况分布

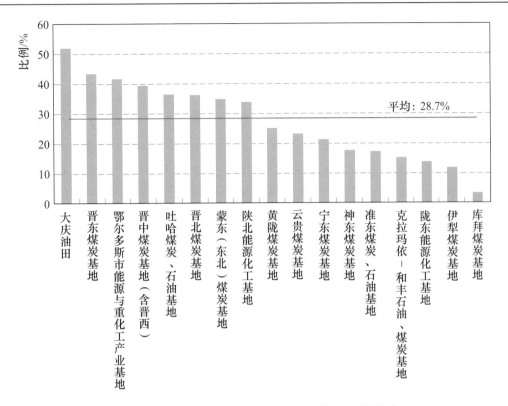

图 4-2-17　重要能源基地河流治理长度比例分布

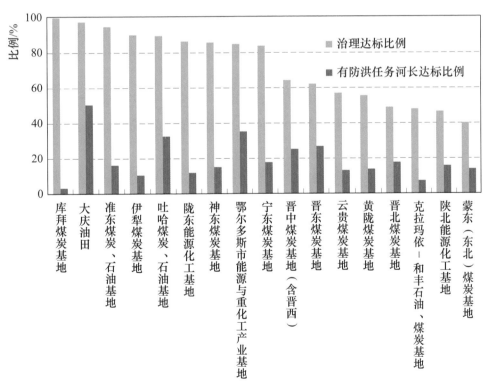

图 4-2-18　重要能源基地河流达标长度比例分布

第三节　主要河流治理情况

全国 97 条主要河流有防洪任务河长共 4.28 万 km，占其总河长比例为56.4％（全国平均值 31.2％），占全国有防洪任务河长比例为 11.5％；已治理河长为 2.10 万 km，治理比例为 48.9％；治理达标河长为 1.30 万 km，治理达标比例为 62.2％。总体来看，我国大江大河及其主要支流治理及达标河长比例明显高于全国平均值。97 条主要河流治理情况普查成果详见附表 D9。

七大江河及其主要支流的治理情况❶如下。

1. 松花江

松花江干流（以嫩江为主源）有防洪任务河段长度（含嫩江）为1405km，占河流总长度的 61.7％；已治理河段长度为 1187km，治理比例为84.5％；治理达标长度为 859km，治理达标比例为 72.4％。

第二松花江有防洪任务河段长度为 739km，占河流总长度的 83.8％；已治理河段长度为 384km，治理比例为 52.0％；治理达标长度为 369km，治理达标比例 96.1％。

2. 辽河

辽河干流（以西辽河为主源）有防洪任务河段长度为 1078km，占河流总长度的 78.0％；已治理河段长度为 918km，治理比例为 85.2％；治理达标长度为 495km，治理达标比例为 53.9％。

东辽河有防洪任务河段长度为 368km，占河流总长度的 97.7％；已治理河段长度为 300km，治理比例为 81.4％；治理达标长度为 145km，治理达标比例为 48.3％。

浑河（含大辽河）有防洪任务河段长度为 485km，占河流总长度的98.0％；已治理河段长度为 318km，治理比例为 65.6％；治理达标长度为297km，治理达标比例为 93.4％。

3. 海河

海河干流全长 76km，已全部治理并达标。

潮白河（不含潮白新河）有防洪任务河段长度为 392km，占河流总长度的 94.7％；已治理河段长度为 159km，治理比例为 40.6％；治理达标长度为119km，治理达标比例为 75.0％。

---

❶　均指河流干流治理情况。

永定河有防洪任务河段长度为 715km，占河流总长度的 82.3％；已治理河段长度为 361km，治理比例为 50.5％；治理达标长度为 160km，治理达标比例为 44.3％。

漳卫河（漳河与卫河汇合口以下）长度为 366km，全部有防洪任务；已治理河段长度为 349km，治理比例为 95.4％；治理达标长度为 156km，治理达标比例为 44.7％。

4. 黄河

黄河干流有防洪任务河长为 3024km，占河流总长度的 53.2％；已治理河段长度为 1818km，治理比例为 60.1％；治理达标长度为 1408km，治理达标比例为 77.4％。

渭河有防洪任务河段长度为 830km，占河流总长度的 100％；已治理河段长度为 439km，治理比例为 52.9％；治理达标长度为 358km，治理达标比例为 81.5％。

汾河有防洪任务河段长度为 630km，占河流总长度的 88.4％；已治理河段长度为 496km，治理比例为 78.7％；治理达标长度为 338km，治理达标比例为 68.1％。

5. 淮河

淮河干流（含入江水道）有防洪任务河段长度为 869km，占河流总长度的 85.4％；已治理河段长度为 567km，治理比例为 65.2％；治理达标长度为 402km，治理达标比例为 70.9％。

沙颍河有防洪任务河段长度为 516km，占河流总长度的 84.2％；已治理河段长度为 516km，治理比例为 100％；治理达标长度为 364km，治理达标比例为 70.5％。

涡河长度为 441km，全部有防洪任务；已治理河段长度为 371km，治理比例为 84.1％；治理达标长度为 351km，治理达标比例为 94.6％。

沂河有防洪任务河段长度为 260km，占河流总长度的 72.8％；已治理河段长度为 174km，治理比例为 66.9％；治理达标长度为 164km，治理达标比例为 94.3％。

沭河有防洪任务河段长度为 250km，占河流总长度的 80.6％；已治理河段长度为 187km，治理比例为 75.1％；治理达标长度为 172km，治理达标比例为 91.8％。

6. 长江

长江干流（含金沙江、通天河、沱沱河）有防洪任务河段长度为 2668km，占河流总长度的 42.4％；已治理河段长度 1811km，治理比例

67.9%；治理达标长度为 1140km，治理达标比例 62.9%。

岷江（以大渡河为主源）有防洪任务河段长度为 551km，占河流总长度的 44.4%；已治理河段长度为 158km，治理比例为 28.7%；治理达标长度为 88km，治理达标比例为 55.9%。

湘江有防洪任务河段长度为 664km，占河流总长度的 70.0%；已治理河段长度为 250km，治理比例为 37.7%；治理达标长度为 149km，治理达标比例为 59.9%。

汉江有防洪任务河段长度为 1132km，占河流总长度的 74.1%；已治理河段长度为 790km，治理比例为 69.8%；治理达标长度为 262km，治理达标比例为 33.2%。

赣江有防洪任务河段长度为 643km，占河流总长度的 80.8%；已治理河段长度为 267km，治理比例为 41.5%；治理达标长度为 129km，治理达标比例为 48.2%。

7. 珠江

西江有防洪任务河段长度为 935km，占河流总长度的 44.8%；已治理河段长度为 324km，治理比例为 34.7%；治理达标长度为 296km，治理达标比例为 91.4%。

北江有防洪任务河段长度为 394km，占河流总长度的 82.9%；已治理河段长度为 181km，治理比例为 45.9%；治理达标长度为 103km，治理达标比例为 56.9%。

东江有防洪任务河段长度为 370km，占河流总长度的 73.0%；已治理河段长度为 143km，治理比例为 38.6%；治理达标长度为 78km，治理达标比例为 54.5%。

七大江河及主要支流治理及达标情况见表 4-3-1。

表 4-3-1　　　　　七大江河及主要支流治理及达标情况

流域	主要河流	有防洪任务河段		已治理河段		治理达标河段		备注
		长度/km	占总河长比例/%	长度/km	治理比例/%	长度/km	治理达标比例/%	
松花江流域	松花江干流	1405	61.7	1187	84.5	859	72.4	以嫩江为主源
	第二松花江	739	83.8	384	52.0	369	96.1	
辽河流域	辽河干流	1078	78.0	918	85.2	495	53.9	
	东辽河	368	97.7	300	81.4	145	48.3	
	浑河	485	98.0	318	65.6	297	93.4	

续表

流域	主要河流	有防洪任务河段		已治理河段		治理达标河段		备注
		长度/km	占总河长比例/%	长度/km	治理比例/%	长度/km	治理达标比例/%	
海河流域	海河干流	76	100	76	100	76	100	
	潮白河	392	94.7	159	40.6	119	75.0	密云水库以下，不含潮白新河
	永定河	715	82.3	361	50.5	160	44.3	
	漳卫河	366	100	349	95.4	156	44.7	漳河、卫河汇合口以下
	滦河	638	64.1	257	40.2	98	38.1	
黄河流域	黄河干流	3024	53.2	1818	60.1	1408	77.4	
	汾河	630	88.4	496	78.7	338	68.1	
	渭河	830	100	439	52.9	358	81.5	
淮河流域	淮河干流	869	85.4	567	65.2	402	70.9	含入江水道
	涡河	441	100.0	371	84.1	351	94.6	
	沙颍河	516	84.2	516	100	364	70.5	
	沂河	260	72.8	174	66.9	164	94.3	
	沭河	250	80.6	187	75.1	172	91.8	
长江流域	长江干流	2668	42.4	1811	67.9	1140	62.9	含金沙江、通天河、沱沱河
	岷江	551	44.4	158	28.7	88	55.9	以大渡河为主源
	汉江	1132	74.1	790	69.8	262	33.2	
	湘江	664	70.0	250	37.7	149	59.9	
	赣江	643	80.8	267	41.5	129	48.2	
珠江流域	西江	935	44.8	324	34.7	296	91.4	
	北江	394	82.9	181	45.9	103	56.9	
	东江	370	73.0	143	38.6	78	54.5	

注 表中河流治理情况均为河流干流成果。

第四节 中小河流治理情况

我国中小河流数量多、分布广，与大江大河相比，中小河流建设滞后，近年来中小河流洪水频发，影响区域经济社会发展，本节主要对中小河流治理情况进行了综合分析。

一、总体情况

本次普查我国有防洪任务的中小河流❶共计 13280 条，占有防洪任务河流总条数的 84.9%；其中有防洪任务河段长度 22.59 万 km，占中小河流总长度的 25.6%；已治理河段长度 5.40 万 km，治理比例为 23.9%；治理达标河段长度为 2.63 万 km，治理达标比例 48.6%。全国中小河流治理及达标情况详见表 4-4-1。

表 4-4-1　　　　　　　　全国中小河流治理及达标情况

流域面积 /km²	有防洪任务河流数量/条	有防洪任务的河段		已治理河段		治理达标河段	
		长度 /km	占总河长比例 /%	长度 /km	治理比例 /%	长度 /km	治理达标比例 /%
100（含）～3000	13280	225879	25.6	54020	23.9	26276	48.6
其中：200（含）～3000	6827	166192	28.3	40586	24.4	20263	49.9

（一）有防洪治理任务河段

中小河流有防洪任务河段长度 22.59 万 km 中，防洪标准小于 20 年一遇的河段长度为 15.58 万 km，占中小河流有防洪任务河长的 69.0%，大于等于 20 年一遇的河段长度为 7.0 万 km，占 31.0%，其中大于等于 50 年一遇的河段长度为 0.62 万 km，仅占 2.7%。全国中小河流不同规划防洪标准河段长度见表 4-4-2。

（二）治理达标情况

全国中小河流已治理河段长度为 5.40 万 km，治理比例 23.9%，低于全国总体治理比例（33.0%）；治理达标河段长度为 2.63 万 km，治理达标比例为 48.6%。已治理河段中，规划防洪标准小于 20 年一遇的已治理长度为 3.28 万 km，治理比例为 21.1%，治理达标长度为 1.45 万 km，治理达标比例为 44.1%；规划防洪标准大于等于 20 年一遇的已治理长度为 2.12 万 km，治理比例为 30.3%，治理达标长度为 1.18 万 km，治理达标比例为 55.7%；规划防洪标准较高的河段其治理比例及治理达标比例相对也较高。

---

❶　本章所指中小河流为流域面积 100（含）～3000km² 的河流，由于平原河流难以界定其流域面积，不包含平原河流。

表 4-4-2　　　　　　全国中小河流不同规划防洪标准河段长度

流域面积 /km²		小计	不同规划防洪标准			
			<20 年一遇	≥20 年一遇且<30 年一遇	≥30 年一遇且<50 年一遇	≥50 年一遇
1000（含）～3000	河长/km	53990	31994	16996	2557	2443
	比例/%	100	59.3	31.5	4.7	4.5
200（含）～1000	河长/km	112202	77995	28320	3445	2442
	比例/%	100	69.5	25.2	3.1	2.2
100（含）～200	河长/km	59687	45839	11303	1213	1331
	比例/%	100	76.8	18.9	2.0	2.2
河长合计/km		225879	155829	56619	7215	6216
比例/%		100	69.0	25.1	3.2	2.7

全国中小河流不同规划防洪标准的治理及达标情况见表 4-4-3。

表 4-4-3　　　全国中小河流不同规划防洪标准的治理及达标情况

防洪标准	有防洪任务河段长度/km	已治理河段		治理达标河段	
		长度/km	治理比例/%	长度/km	治理达标比/%
全国	225879	54020	23.9	26276	48.6
<20 年一遇	155829	32822	21.1	14466	44.1
≥20 年一遇且<30 年一遇	56619	15873	28.0	8273	52.1
≥30 年一遇且<50 年一遇	7215	2332	32.3	1393	59.8
≥50 年一遇	6216	2993	48.1	2144	71.6

中小河流治理呈现流域面积较大的河流治理比例及治理达标治理比例相对较高的特点。流域面积介于 1000～3000km² 的中小河流已治理河段长度为 1.48 万 km，治理比例为 27.4%，治理河段达标长度为 0.74 万 km，治理达标比例为 50.2%；流域面积小于 200km² 的中小河流已治理河段长度为 1.34 万 km，治理比例为 22.5%，治理河段达标长度为 0.60 万 km，治理达标比例为 44.8%。全国中小河流不同流域面积的治理及达标情况见表 4-4-4。

二、区域分布

（一）水资源一级区

从水资源一级区有防洪任务的河长分布看，长江区有防洪任务的中小河流分布最多，其有防洪任务的河段长度为 7.47 万 km，占全国中小河流有防洪任务河段长度的 33.1%，西南诸河区最少，有防洪任务的河段长度为 0.92 万 km，占 4.1%。水资源一级区中小河流治理及达标情况见表 4-4-5。

表 4-4-4　　　全国中小河流不同流域面积的治理及达标情况

流域面积/km²	有防洪任务河段长度/km	已治理河段		治理达标河段	
		长度/km	治理比例/%	长度/km	治理达标比例/%
全国	225879	54020	23.9	26276	48.6
1000（含）～3000	53990	14772	27.4	7415	50.2
200（含）～1000	112202	25814	23.0	12848	49.8
100（含）～200	59687	13434	22.5	6013	44.8

表 4-4-5　　　　　水资源一级区中小河流治理及达标情况

水资源一级区	河流总长度/km	有防洪任务的河段		已治理河段		治理达标河段	
		长度/km	占总河长比例/%	长度/km	治理比例/%	长度/km	治理达标比例/%
全国	883753	225879	25.6	54020	23.9	26276	48.6
松花江区	92266	17995	19.5	4572	25.4	1588	34.7
辽河区	33592	14630	43.6	4963	33.9	2482	50.0
海河区	24814	13664	55.1	4203	30.8	1658	39.5
黄河区	86165	23772	27.6	4244	17.9	2782	65.5
淮河区	34362	21609	62.9	9235	42.7	4589	49.7
长江区	205578	74717	36.3	15814	21.2	6951	44.0
其中：太湖流域	935	641	68.6	240	37.5	202	84.1
东南诸河区	25102	10978	43.7	3611	32.9	2177	60.3
珠江区	69824	26024	37.3	4891	18.8	2336	47.8
西南诸河区	82977	9245	11.1	1091	11.8	676	61.9
西北诸河区	229073	13247	5.8	1396	10.5	1037	74.3

从中小河流有防洪任务河长占其河流总长度比例看，淮河区和海河区中小河流有防洪治理任务的河段比例较高，分别为 62.9% 和 55.1%，西北诸河区和西南诸河区较低，分别为 5.8% 和 11.1%。

水资源一级区中，淮河区、辽河区和东南诸河区中小河流治理比例相对较高，治理比例分别为42.7%、33.9%和32.9%；西北诸河区和西南诸河区相对较低，治理比例分别为10.5%和11.8%。从治理达标比例来看，黄河区、东南诸河区、西南诸河区和西北诸河区中小河流治理达标比例较高，均在60%以上；松花江区、海河区和长江区治理达标比例较低，分别为34.7%、39.5%和44.0%。水资源一级区中小河流治理比例分布见图4-4-1，治理达标比例分布见图4-4-2。

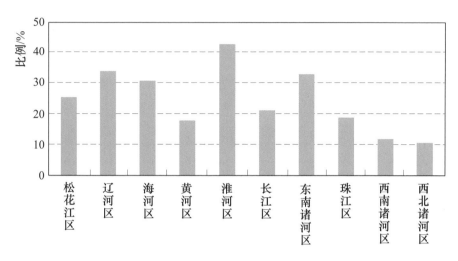

图4-4-1 水资源一级区中小河流治理比例分布

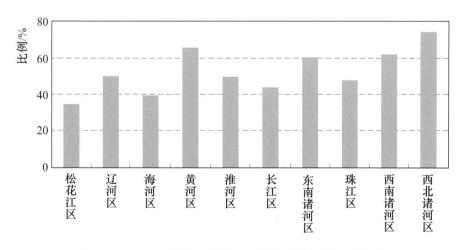

图4-4-2 水资源一级区中小河流治理达标比例分布

（二）省级行政区

从中小河流有防洪任务的河长分布看，东部地区为5.46万km，中部地区为8.65万km，西部地区为8.48万km，占全国有防洪任务河长的比例分别为 24.2%、38.3%、37.5%。省级行政区中，中小河流防洪治理任务相对较重的省份包括湖南、广东、江西、河南、湖北、四川和甘肃，有防洪任务的河段长度均大于 1 万 km，7 省合计占全国中小河流有防洪任务的河段长度比例为 39.1%。中东部省区内的多数中小河流有防洪任务，如天津、北京和江苏中小河流有防洪任务河长占比在 80% 以上，西部省区多数中小河流没有防洪任务，如青海、新疆和西藏有防洪任务河长比例均在 10% 以下。上海市的中小河流均为平原河流，未包含在本节所述的中小河流统计中。

从中小河流治理比例来看，我国东部地区经济相对发达，中小河流治理比例相对较高，为 33.3%；中部地区次之，治理比例为 27.9%；西部地区最低，治理比例为 13.8%。中小河流防洪任务相对较重的省级行政区中，治理比例较高的省级行政区有河南和湖北，治理比例分别为 41.9% 和 36.5%；治理比例较低的省级行政区有江西、四川、甘肃和内蒙古，治理比例不足 15%。

从中小河流治理达标比例看，宁夏、青海、海南和北京等省（直辖市）治理达标比例较高，均在 80% 以上；湖北、黑龙江和河北治理达标比例较低，分别为 17.0%，26.0% 和 27.5%。

省级行政区中小河流有防洪任务河长比例、治理比例、治理达标比例分布见图 4－4－3、图 4－4－4 和图 4－4－5，省级行政区中小河流治理情况详见附表 D10。

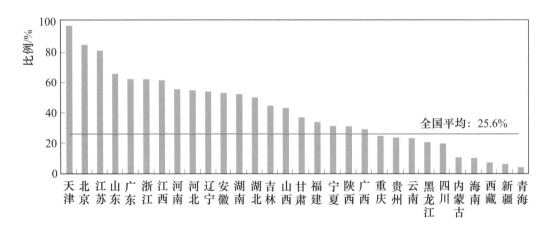

图 4－4－3　省级行政区中小河流有防洪任务河长比例分布

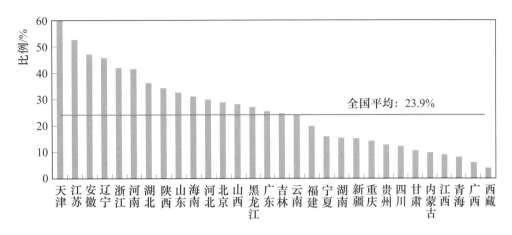

图 4 - 4 - 4 省级行政区中小河流治理比例分布

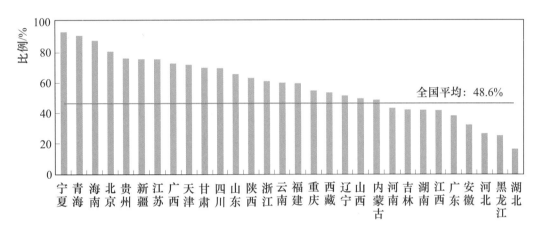

图 4 - 4 - 5 省级行政区中小河流治理达标比例分布

第五章 入河湖排污口

向河湖排放污水，是造成水质污染、水环境恶化、影响水生态安全的主要因素。摸清入河湖排污口基本情况，对了解河湖污染来源、排污规模和污染情况至关重要，本章重点对我国入河湖排污口规模与分布、废污水来源、污水类型等情况进行了综合分析。

第一节 总 体 情 况

一、排污口数量

全国共有入河湖排污口 120617 个，其中规模以上❶入河湖排污口 15489 个，占全国入河湖排污口总数量的 12.8%，规模以下入河湖排污口 105128 个，占全国入河湖排污口总数量的 87.2%；规模以上排污口入河湖废污水量约占入河湖废污水总量的 90%。

全国有年废污水量排放规模 1000 万 t 及以上排污口 794 个，占全国入河湖排污口总数量的 0.7%，其入河湖废污水量占全国入河湖废污水总量的 52.1%；年废污水量排放规模介于 100 万（含）～1000 万 t 之间的排污口 4247 个，占比为 3.5%，其入河湖废污水量占比为 32.0%；年废污水量规模 10 万（含）～100 万 t 之间的排污口 8524 个，占比为 7.1%，其入河湖废污水量占比为 5.9%；年废污水量规模 10 万 t 以下的排污口 107052 个，占比为 88.7%，其入河湖废污水量占比为 10.0%。全国不同排放规模的排污口数量见表 5-1-1。

二、废污水来源

规模以上入河湖排污口中，工业企业排污口、生活排污口、城镇污水处理厂、市政排污口和其他排污口数量分别为 6878 个、3586 个、2765 个、1591 个

---

❶ 规模以上指入河湖废污水量为 300t/d 及以上或 10 万 t/a 及以上；规模以下指入河湖废污水量为 300t/d 以下且 10 万 t/a 以下。

表 5-1-1　　　　　　　　　全国不同排放规模的排污口数量

排污口规模/(万 t/a)	入河湖排污口数量	
	数量/个	比例/%
1000 及以上	794	0.7
100（含）~1000	4247	3.5
10（含）~100	8524	7.1
小于 10	107052	88.7
全国	120617	100

和 669 个，分别占规模以上排污口总数量的 44.4%、23.2%、17.8%、10.3% 和 4.3%；其 2011 年入河湖废污水量分别占规模以上排污口入河湖废污水量的 17.7%、9.1%、60.2%、10.1% 和 2.9%。从总体看，工业企业排污口数量占比较高，城镇污水处理厂 2011 年入河湖废污水量占比最大。全国不同污水来源规模以上排污口数量比例见图 5-1-1。

按废污水类型统计，规模以上入河湖排污口中，工业、生活和混合废污水类型排污口分别为 6161 个、4282 个和 5046 个，分别占规模以上排污口总数的 39.8%、27.6% 和 32.6%。其 2011 年入河湖废污水量占比分别为 15.4%、20.5% 和 64.1%。

三、排入水域分布

废污水经入河湖排污口排入水域类型分为河流、湖泊和水库，河流是

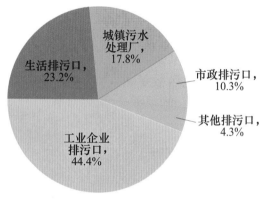

图 5-1-1　全国不同污水来源规模
以上排污口数量比例

主要的排污去向。规模以上排污口中，排入河流的有 15122 个、排入湖泊的有 202 个、排入水库的有 165 个，分别占全国规模以上排污口总数的 97.6%、1.3% 和 1.1%。在规模以上的排污口中，排入河流的废污水量占入河湖废污水总量的 98.0%。

四、主要排污方式

入河湖排污方式主要包括明渠、暗管、泵站、涵闸、潜没和其他共 6 类。规模以上入河湖排污口中，暗管和明渠为最主要排污方式，数量分别为 7092 个和 6334 个，占规模以上排污口数量比例分别为 45.8% 和 40.9%；其 2011

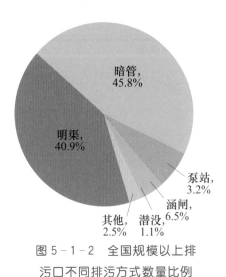

图 5 - 1 - 2　全国规模以上排污口不同排污方式数量比例

年入河湖废污水量占规模以上排污口入河湖废污水量比例分别为 46.0％和 32.7％。排污方式为泵站、涵闸和潜没的排污口数量分别为498 个、1010 个和 174 个，所占比例分别为3.2％、6.5％和 1.1％；其废污水量所占比例分别为 6.9％、8.1％和 5.4％。全国规模以上排污口不同排污方式数量比例见图 5 - 1 - 2。

从废污水排放规律看，连续排放的排污口比例较大。规模以上入河湖排污口中，连续排放和间断排放的排污口数量分别为 9182 个和6307 个，所占比例分别为 59.3％和 40.7％；其废污水量所占比例分别为 83.8％和 16.2％。

第二节　分　布　情　况

入河湖排污口区域分布差异较大，南方地区排污口数量较多但排污口规模相对较小，北方地区排污口数量较少但规模相对较大。规模以上入河湖排污口中，南方地区数量占 72.8％，北方地区占 27.2％；入河湖废污水量南方地区占 64.1％，北方地区占 35.9％。

一、水资源一级区

从水资源一级区规模以上排污口数量分布看，长江区、珠江区规模以上入河湖排污口数量分别为 6477 个和 3332 个，分别占全国规模以上入河湖排污口总数的 41.8％和 21.5％；西北诸河区和西南诸河区规模以上入河湖排污口数量较少，分别为 124 个和 291 个，分别占 0.8％和 1.9％。

各水资源一级区中，东南诸河区和西南诸河区工业企业排污口数量比例（与其规模以上排污口比例）较高，分别为 67.7％和 59.1％；辽河区、松花江区和海河区相对较低，分别为 28.0％、31.0％和 31.9％。水资源一级区工业企业入河湖排污口数量比例分布见图 5 - 2 - 1。

全国规模以上的污水处理厂排污口 2765 个中，南方地区污水处理厂排污口数量占其规模以上排污口总数量的 16.1％，北方地区占比为 22.6％。西北诸河区、辽河区和海河区污水处理厂排污口数量比例（与其规模以上排污口比例）较高，分别为 26.6％、26.4％和 25.3％；西南诸河区、东南诸河区和珠江区等山区占比较高的南方地区相对较低，分别为 8.2％、12.3％和 13.3％。

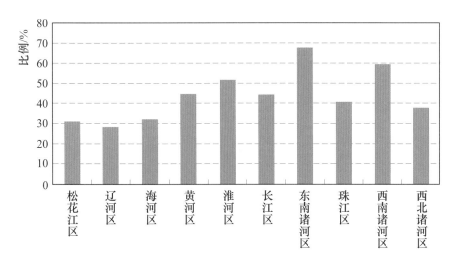

图 5-2-1 水资源一级区工业企业入河湖排污口数量比例分布

水资源一级区污水处理厂排污口数量比例分布见图 5-2-2。水资源一级区不同污水来源规模以上排污口数量见表 5-2-1。

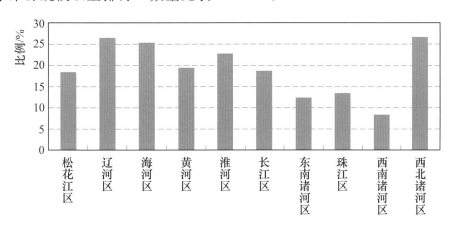

图 5-2-2 水资源一级区污水处理厂排污口数量比例分布

表 5-2-1　　　　水资源一级区不同污水来源规模以上排污口数量

水资源一级区	总数/个	不同污水来源排污口/个				
		工业企业	生活	城镇污水处理厂	市政	其他
全国	15489	6878	3586	2765	1591	669
北方地区	4214	1717	916	952	388	241
南方地区	11275	5161	2670	1813	1203	428
松花江区	419	130	111	77	83	18
辽河区	382	107	89	101	58	27

水资源一级区	总数/个	不同污水来源排污口/个				
		工业企业	生活	城镇污水处理厂	市政	其他
海河区	1003	320	284	254	84	61
黄河区	955	427	210	185	78	55
淮河区	1331	686	200	302	70	73
长江区	6477	2849	1556	1203	698	171
其中：太湖流域	712	355	33	245	67	12
东南诸河区	1175	796	150	144	39	46
珠江区	3332	1344	925	442	440	181
西南诸河区	291	172	39	24	26	30
西北诸河区	124	47	22	33	15	7

从不同排污方式看，西南诸河区和西北诸河区明渠排污方式的排污口数量比例最高，分别占其规模以上排污口总数的 58.1% 和 51.6%，辽河区和松花江区较低，分别为 28.3% 和 37.7%；辽河区、黄河区和松花江区暗管排污方式排污口数量比例较高，分别占其规模以上排污口总数的 59.9%、53.5% 和 51.3%，西南诸河区和西北诸河区较低，分别为 32.3% 和 37.9%。水资源一级区不同排污方式规模以上排污口数量见表 5-2-2，数量比例分布见图 5-2-3。

表 5-2-2　　水资源一级区不同排污方式规模以上排污口数量

水资源一级区	不同排污方式规模以上排污口数量/个					
	明渠	暗管	泵站	涵闸	潜没	其他
全国	6334	7092	498	1010	174	381
北方地区	1665	2040	159	214	35	101
南方地区	4669	5052	339	796	139	280
松花江区	158	215	20	21	3	2
辽河区	108	229	18	16	0	11
海河区	384	440	74	65	4	36
黄河区	367	511	14	31	13	19
淮河区	584	598	31	79	14	25

续表

水资源一级区	不同排污方式规模以上排污口数量/个					
	明渠	暗管	泵站	涵闸	潜没	其他
长江区	2659	2914	248	415	86	155
其中：太湖流域	198	459	21	6	25	3
东南诸河区	469	561	16	36	22	71
珠江区	1372	1483	75	341	30	31
西南诸河区	169	94	0	4	1	23
西北诸河区	64	47	2	2	1	8

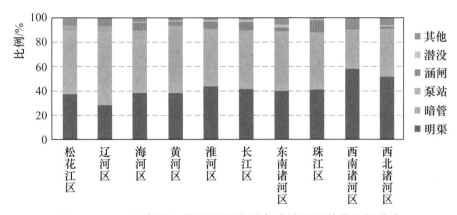

图 5-2-3 水资源一级区不同排污方式排污口数量比例分布

二、省级行政区

东部、中部、西部地区入河湖排污口数量分别为 69474 个、20534 个和 30609 个，所占比例分别为 57.6％、17.0％ 和 25.4％。浙江、广东、四川 3 省入河湖排污口分布密集，共有排污口 51169 个，占全国入河湖排污口总数的 42.4％；宁夏、新疆、西藏和青海等省（自治区）排污口数量较少，分别为 101 个、187 个、230 个和 233 个。省级行政区入河湖排污口数量分布见图 5-2-4。

从规模以上入河湖排污口数量分布看，东部地区较多。东部、中部、西部地区规模以上排污口数量分别为 6281 个、4758 个和 4450 个，所占比例分别为 40.6％、30.7％ 和 28.7％。广东、湖南、四川、江苏、重庆、湖北 6 省（直辖市）规模以上排污口数量较多，分别为 2214 个、1346 个、1011 个、1003 个、915 个和 909 个，共计 7398 个，占全国规模以上入河湖排污口总数的 47.8％。省级行政区规模以上入河湖排污口数量分布见图 5-2-5。省级行

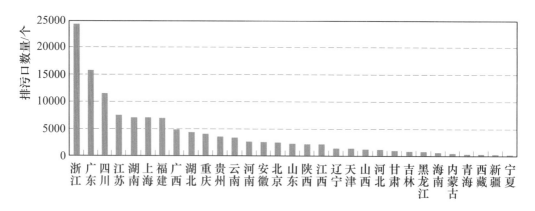

图 5-2-4　省级行政区入河湖排污口数量分布

政区工业企业排污口数量比例分布见图 5-2-6，污水处理厂排污口数量比例分布见图 5-2-7，不同污水来源规模以上排污口数量比例分布见图 5-2-8。

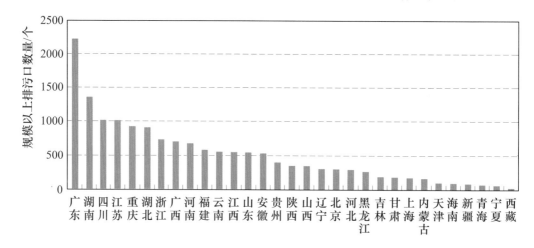

图 5-2-5　省级行政区规模以上入河湖排污口数量分布

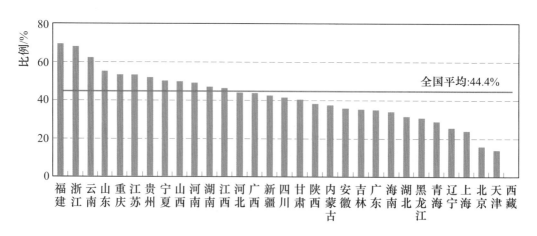

图 5-2-6　省级行政区工业企业排污口数量比例分布

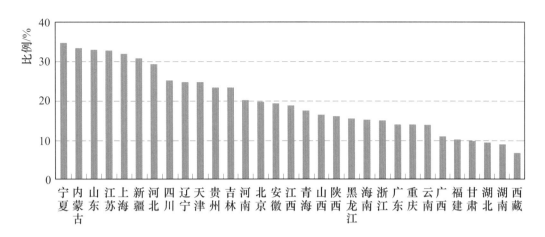

图 5-2-7　省级行政区污水处理厂排污口数量比例分布

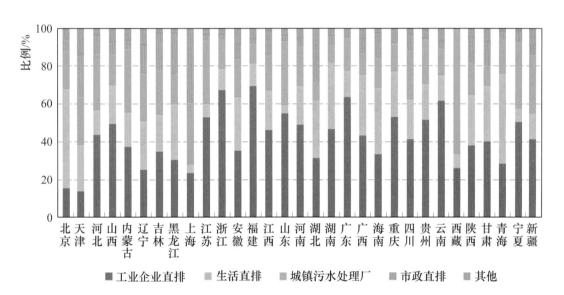

■工业企业直排　■生活直排　■城镇污水处理厂　■市政直排　■其他

图 5-2-8　省级行政区不同污水来源规模以上
排污口数量比例分布

从排污方式看，规模以上排污口中，明渠方式排污口数量占比超过 50%的省份包括贵州、宁夏、广西、山东、云南、新疆、福建、山西和海南；上海和天津较低，分别为 11.2%和 11.8%；暗管方式排污口数量占比超过 50%的省份为上海、西藏、吉林、内蒙古、青海、陕西、甘肃、江苏、辽宁、浙江和河北；天津和贵州较低，仅为 17.2%和 20.1%；天津市以泵站排污方式为主，相应数量比例为 57.0%。省级行政区明渠和暗管排污方式规模以上排污口数量比例分布分别见图 5-2-9 和图 5-2-10。

省级行政区不同污水来源入河湖排污口数量详见附表 D11，不同排污方式规模以上入河湖排污口数量统计详见附表 D12。

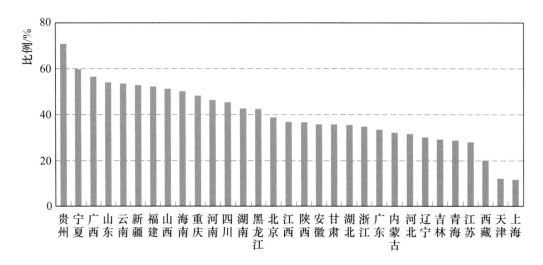

图 5-2-9　省级行政区明渠排污方式规模以上排污口数量比例分布

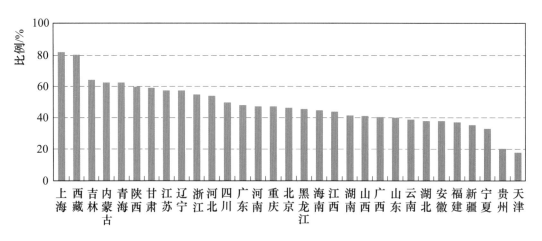

图 5-2-10　省级行政区暗管排污方式规模以上排污口数量比例分布

三、主要河流排污口情况

目前，我国江河湖库水环境污染问题仍然突出，废污水直排河湖问题普遍存在，造成水质污染、湖泊富营养化问题，影响周边群众的生活及生产。本节以河流为单元，综合分析了我国 97 条主要河流上排污口数量及污水来源情况。

全国排入河流的排污口总数共（含规模以下）119735 个，平均每 100km 河长有 8 个排污口。全国 97 条主要河流干流上入河湖排污口共计 9873 个，占全国入河湖排污口总数量的 8.2%。其中规模以上排污口 2595 个，占全国规模以上排污口总数的 16.8%。97 条主要河流上入河湖排污口数量统计详见附表 D13。

七大江河干流中，长江干流排污口最多，为 1585 个，其次为黄河，其干流排污口有 249 个。七大江河主要支流中，湘江干流排污口最多，共有 477 个，平均每 100km 河长有 50 个排污口；渭河、涡河、岷江-大渡河干流上排污口也较多，平均每 100km 河长有 30 多个。七大江河流域及其主要支流上的排污口数量与污水来源情况如下：

1. 松花江流域

松花江流域入河湖排污口共 961 个，其中规模以上排污口 330 个；其干流上有排污口 85 个，干流上规模以上的排污口 42 个，其中工业排污口 17 个，生活排污口 11 个，污水处理厂 9 个，市政排污口及其他类型排污口共 5 个。

第二松花江水系入河湖排污口共 355 个，其中规模以上排污口共 76 个。其干流上有排污口 49 个，干流上规模以上的排污口 19 个，其中工业排污口 12 个，污水处理厂 4 个，市政排污口 3 个。

2. 辽河流域

辽河流域入河湖排污口共 859 个，其中规模以上排污口 258 个。其干流上有排污口 11 个，规模以上排污口 6 个，其中污水处理厂 5 个，市政排污口 1 个。

东辽河水系入河湖排污口共 47 个，其中规模以上排污口共 8 个。其干流上有排污口 30 个，干流上规模以上的排污口 4 个，其中工业排污口的 1 个，污水处理厂 3 个。

浑河水系入河湖排污口共 428 个，其中规模以上排污口共 162 个。其干流上有排污口 56 个，规模以上排污口 19 个，其中工业排污口 4 个，生活排污口 5 个，污水处理厂 6 个，市政排污口及其他类型排污口共 4 个。

3. 海河流域

海河流域入河湖排污口共 5544 个，其中规模以上入河湖排污口 1003 个。

永定河水系入河湖排污口共 260 个，其中规模以上排污口共 77 个。其干流上有排污口 101 个，干流上规模以上的排污口 12 个，其中工业排污口 4 个，生活排污口 3 个，污水处理厂 3 个，市政排污口及其他类型排污口共 2 个。

潮白河水系入河湖排污口共 287 个，其中规模以上排污口共 29 个。其干流（含潮白新河）上有排污口 29 个，干流上规模以上的排污口 14 个，其中工业排污口 2 个，生活排污口 5 个，污水处理厂 3 个，市政排污口及其他类型排污口共 4 个。

4. 黄河流域

黄河流域入河湖排污口共 4136 个，其中规模以上入河湖排污口 955 个。其干流上有排污口 249 个，干流上规模以上的排污口 68 个，其中工业排污口 24 个，生活排污口 23 个，污水处理厂 10 个，市政排污口及其他类型排污口共 11 个。

渭河水系入河湖排污口共 1108 个，其中规模以上排污口共 294 个。其干流上有排污口 247 个，干流上规模以上的排污口 71 个，其中工业排污口 28 个，生活排污口 23 个，污水处理厂 10 个，市政排污口及其他类型排污口共 10 个。

汾河水系入河湖排污口共 511 个，其中规模以上排污口共 89 个。其干流上有排污口 156 个，干流上规模以上的排污口 33 个，其中工业排污口 8 个，生活排污口 4 个，污水处理厂 11 个，市政排污口及其他类型排污口共 10 个。

5. 淮河流域

淮河流域入河湖排污口共 4427 个，其中规模以上排污口共 801 个。淮河干流（含入江水道）入河湖排污口 70 个，干流上规模以上的排污口 37 个，其中工业排污口的 8 个，生活排污口 4 个，污水处理厂 10 个，市政排污口及其他类型排污口共 15 个。

涡河水系为淮河的一级支流，共有入河湖排污口 407 个，其中规模以上排污共 96 个。其干流上有排污口 141 个，干流上规模以上的排污口 29 个，其中工业排污口 10 个，生活排污口 7 个，污水处理厂 3 个。

沙颍河水系为淮河的一级支流，共有入河湖排污口 382 个，其中规模以上的排污口共 185 个。其干流上有排污口 51 个，干流上规模以上的排污口 30 个，其中工业排污口 7 个，生活排污口 10 个，污水处理厂 7 个，市政排污口及其他类型排污口共 6 个。

6. 长江流域

长江流域入河湖排污口共 46407 个，其中规模以上排污口共 6477 个。其干流上有排污口 1585 个，干流上规模以上的排污口 583 个，其中工业排污口 255 个，生活排污口 94 个，污水处理厂 117 个，市政排污口 98 个，其他类型排污口 19 个。

岷江（大渡河）水系是长江上游的一级支流，共有入河湖排污口 3014 个，其中规模以上排污口共 281 个；其干流上有排污口 373 个，干流上规模以上的排污口 48 个，其中工业排污口 29 个，生活排污口 2 个，污水处理厂 11 个，市政排污口及其他类型排污口共 6 个。

湘江水系是洞庭湖水系的主要河流，共有入河湖排污口 3670 个，其中规模以上排污口共 627 个。其干流上有排污口 477 个，规模以上排污口 146 个，其中工业排污口 65 个，生活排污口 35 个，污水处理厂 15 个，市政排污口及其他类型排污口共 31 个。

汉江水系为长江的一级支流，共有入河湖排污口 2038 个，其中规模以上排污口共 377 个。其干流上有排污口 247 个，干流上规模以上的排污口 89 个，其中工业排污口 16 个，生活排污口 29 个，污水处理厂 12 个，市政排污口及其他类型排污口共 32 个。

赣江水系共有入河湖排污口 1017 个，其中规模以上排污口共 260 个。其干流上有排污口 137 个，干流上规模以上的排污口 52 个，其中工业排污口 24 个，生活排污口 4 个，污水处理厂 13 个，市政排污口及其他类型排污口共 11 个。

7. 珠江流域

珠江流域入河湖排污口共 18750 个，其中规模以上排污口共 2510 个。

西江水系入河湖排污口共 5792 个，其中规模以上排污口共 935 个。其干流上有排污口 186 个，干流上规模以上的排污口 72 个，其中工业排污口的 34 个，生活排污口 13 个，污水处理厂 14 个，市政排污口及其他类型排污口共 11 个。

北江水系入河湖排污口共 731 个，其中规模以上排污口共 181 个。其干流上有排污口 80 个，干流上规模以上的排污口 33 个，其中工业排污口的 5 个，生活排污口 10 个，污水处理厂 4 个，市政排污口及其他类型排污口共 14 个。

东江水系入河湖排污口共 1465 个，其中规模以上排污口共 310 个。其干流上有排污口 144 个，干流上规模以上的排污口 54 个，其中工业排污口的 14 个，生活排污口 26 个，污水处理厂 7 个，市政排污口 7 个。

七大江河及其主要支流排污口数量详见表 5-2-3。

四、重点区域

（一）重要经济区

全国重要经济区入河湖排污口共 94283 个，占全国总数量的 78.2%。其中规模以上排污口 11527 个，占全国规模以上排污口总数量的 74.4%。重要经济区入河湖排污口数量见表 5-2-4。

重要经济区入河湖排污口数量分布呈现西北地区较少，南方地区特别是东南地区较多的特点。宁夏沿黄经济区、兰州-西宁地区、天山北坡经济区等重要经济区排污口密度较小，分别为 27 个/万 km^2、16 个/万 km^2 和 8 个/万 km^2，其中规模以上排污口密度分别为 14 个/万 km^2、5 个/万 km^2 和 3 个/万 km^2；而位于南方的长江三角洲地区、珠江三角洲地区、海峡西岸经济区等重要经济区排污口密度较大，分别为 2233 个/万 km^2、2210 个/万 km^2 和 847 个/万 km^2，其中规模以上排污口密度分别为 125 个/万 km^2、253 个/万 km^2 和 60 个/万 km^2。

表 5 - 2 - 3　七大江河流域及其主要支流排污口数量

序号	江河流域	主要河流	干流排污口数量/个								流域排污口数量/个		
			总计	规模以下	规模以上						总计	规模以下	规模以上
					小计	工业企业排污口	生活排污口	城镇污水处理厂	市政排污口	其他排污口			
1	松花江流域	松花江	85	43	42	17	11	9	4	1	961	631	330
		第二松花江	49	30	19	12	0	4	3	0	355	279	76
2	辽河流域	辽河	11	5	6	0	0	5	1	0	859	601	258
		东辽河	30	26	4	1	0	3	0	0	47	39	8
		浑河	56	37	19	4	5	6	1	3	428	266	162
3	海河流域	永定河	—	—	—	—	—	—	—	—	5544	4541	1003
		潮白河(含潮白新河)	101	89	12	4	3	3	1	1	260	183	77
		子牙河	29	15	14	2	5	3	4	0	287	258	29
4	黄河流域	黄河	249	181	68	24	23	10	4	7	4136	3181	955
		汾河	156	123	33	8	4	11	3	7	511	422	89
		渭河	247	176	71	28	23	10	7	3	1108	814	294
5	淮河流域	淮河(含入江水道)	—	—	—	—	—	—	—	—	4427	3626	801
		涡河	141	112	29	10	7	3	6	3	407	311	96
		沙颍河	51	21	30	7	10	7	2	4	382	197	185
6	长江流域	长江	1585	1002	583	255	94	117	98	19	46407	39930	6477
		岷江-大渡河	373	325	48	29	2	11	4	2	3014	2733	281
		汉江	247	158	89	16	29	12	31	1	2038	1661	377
		湘江	477	331	146	65	35	15	25	6	3670	3043	627
		赣江	137	85	52	24	4	13	10	1	1017	757	260
		太湖流域	70	33	37	8	4	10	9	6	18750	16240	2510
7	珠江流域	西江	186	114	72	34	13	14	9	2	5792	4857	935
		北江	80	47	33	5	10	4	8	6	731	550	181
		东江	144	90	54	14	26	7	7	0	1465	1155	310

表 5 - 2 - 4　　　　　　　　　重要经济区入河湖排污口数量

重要经济区		合计/个	规模以下/个	规模以上/个					
				小计	工业企业排污口	生活排污口	城镇污水处理厂	市政排污口	其他排污口
环渤海地区	京津冀地区	4178	3650	528	126	188	124	56	34
	辽中南地区	1283	1012	271	72	70	67	37	25
	山东半岛地区	1008	802	206	106	11	68	13	8
	小计	6469	5464	1005	304	269	259	106	67
长江三角洲地区		23973	22630	1343	726	100	390	96	31
珠江三角洲地区		12018	10642	1376	604	226	246	264	36
冀中南地区		387	243	144	59	25	40	14	6
太原城市群		586	450	136	57	29	28	7	15
呼包鄂榆地区		511	430	81	43	8	22	2	6
哈长地区	哈大齐工业走廊与牡绥地区	345	196	149	45	50	23	28	3
	长吉图经济区	267	199	68	28	5	20	11	4
	小计	612	395	217	73	55	43	39	7
东陇海地区		426	324	102	50	9	27	5	11
江淮地区		1283	1026	257	82	76	57	18	24
海峡西岸经济区		19598	18211	1387	628	408	128	103	120
中原经济区		3480	2488	992	480	202	183	66	61
长江中游地区	武汉城市圈	1923	1419	504	150	118	38	197	1
	环长株潭城市群	3835	2973	862	354	382	62	25	39
	鄱阳湖生态经济区	1495	1114	381	167	88	76	41	9
	小计	7253	5506	1747	671	588	176	263	49
北部湾地区		1904	1571	333	126	133	29	25	20
成渝地区	重庆经济区	3154	2404	750	400	162	109	78	1
	成都经济区	8398	7542	856	373	167	220	75	21
	小计	11552	9946	1606	773	329	329	153	22
黔中地区		1636	1443	193	108	33	45	1	6
滇中地区		1197	978	219	143	35	32	2	7
藏中南地区		43	31	12	0	3	0	9	0
关中-天水地区		923	695	228	81	60	37	41	9
兰州-西宁地区		262	185	77	35	24	11	5	2
宁夏沿黄经济区		79	37	42	24	2	13	2	1
天山北坡经济区		91	61	30	11	2	9	3	5
总　　计		94283	82756	11527	5078	2616	2104	1224	505

全国 27 个重要经济区中，长江三角洲地区、珠江三角洲地区和海峡西岸经济区经济发达，其规模以上排污口数量较多，分别为 1343 个、1376 个和 1387 个，分别占全国重要经济区规模以上排污口总数量的 11.7%、11.9% 和 12.0%。藏中南地区、宁夏沿黄经济区和天山北坡经济区规模以上排污口数量较少，分别为 12 个、42 个和 30 个。

从不同污水来源排污口数量比例来看，山东半岛地区、长江三角洲地区、呼包鄂榆地区、重庆经济区、黔中地区、滇中地区、宁夏沿黄经济区工业企业排污口数量比例较高，均在 50% 以上；环长株潭城市群、北部湾地区和京津冀地区生活排污口数量比例较高，分别为 44.3%、39.9% 和 35.6%；山东半岛地区、宁夏沿黄经济区和天山北坡经济区城镇污水处理厂排污口数量比例较高，分别为 33.0%、31.0% 和 30.0%。重要经济区规模以上排污口数量分布见图 5-2-11，不同污水来源规模以上排污口数量比例分布见图 5-2-12。

（二）重要能源基地

全国重要能源基地入河湖排污口共 4194 个，占全国总数量的 3.5%，其中规模以上排污口 835 个，占全国规模以上排污口总数量的 5.4%。全国重要能源基地入河湖排污口数量详见表 5-2-5。

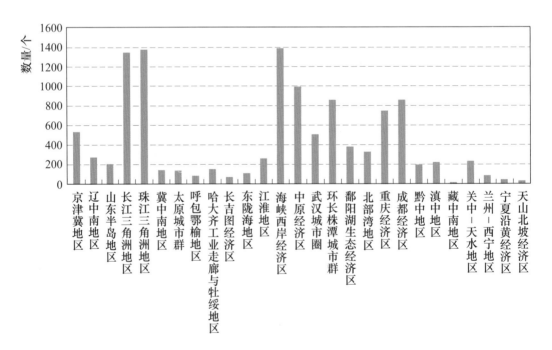

图 5-2-11　重要经济区规模以上排污口数量分布

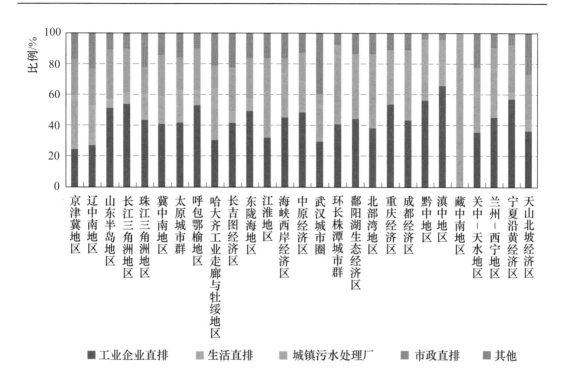

图 5-2-12 重要经济区不同污水来源规模以上排污口数量比例分布

工业企业直排 生活直排 城镇污水处理厂 市政直排 其他

表 5-2-5 全国重要能源基地入河湖排污口数量

重要能源基地		合计/个	规模以下/个	规模以上/个					
				小计	工业企业排污口	生活排污口	城镇污水处理厂	市政排污口	其他排污口
山西	晋北煤炭基地	124	53	71	32	20	13	2	4
	晋中煤炭基地（含晋西）	445	368	77	40	17	12	3	5
	晋东煤炭基地	375	258	117	74	19	11	6	7
	小计	944	679	265	146	56	36	11	16
鄂尔多斯盆地	陕北能源化工基地	488	448	40	18	2	12	2	6
	黄陇煤炭基地	149	99	50	28	9	6	5	2
	神东煤炭基地	101	87	14	5	2	6	0	1
	鄂尔多斯市能源与重化工产业基地	33	8	25	17	4	4	0	0
	宁东煤炭基地	33	16	17	10	2	5	0	0
	陇东能源化工基地	141	111	30	11	10	1	4	4
	小计	945	769	176	89	29	34	11	13

续表

重要能源基地		合计/个	规模以下/个	规模以上/个					
				小计	工业企业排污口	生活排污口	城镇污水处理厂	市政排污口	其他排污口
东北地区	蒙东（东北）煤炭基地	218	140	78	22	22	10	14	10
	大庆油田	39	19	20	11	4	4	0	1
	小计	257	159	98	33	26	14	14	11
西南地区	云贵煤炭基地	1974	1706	268	192	42	28	2	4
新疆	准东煤炭、石油基地	23	19	4	0	1	3	0	0
	伊犁煤炭基地	13	5	8	4	2	1	0	1
	吐哈煤炭、石油基地	0	0	0	0	0	0	0	0
	克拉玛依-和丰石油、煤炭基地	12	4	8	1	0	3	1	3
	库拜煤炭基地	26	18	8	7	0	1	0	0
	小计	74	46	28	12	3	8	1	4
总　计		4194	3359	835	472	156	120	39	48

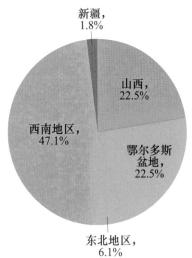

图 5-2-13　五大能源片区入河湖排污口数量比例分布

从五大能源片区排污口分布看，全国重要能源基地入河湖排污口主要分布在西南地区、山西片区和鄂尔多斯盆地，入河湖排污口数量分别为1974个、944个和945个，分别占全国重要能源基地入河湖排污口总数的47.1%、22.5%和22.5%，排污口密度分别为296个/万 km²、94个/万 km²和36个/万 km²。东北地区和新疆片区排污口数量较少，分别为257个和74个。5大能源片区入河湖排污口数量比例分布详见图5-2-13。

17个重要能源基地中，云贵煤炭基地规模以上排污口数量较多，为268个，占全国重要能源基地规模以上排污口总数的32.1%。从不同污水来源排污口数量比例来看，库拜煤炭基地、云贵煤炭基地、鄂尔多斯市能源与重化工产业基地工业企业排污口数量比例较高，分别为 87.5％、71.6％和 68.0％；陇东能源化工基地、晋北煤炭基地和蒙东（东北）煤炭基地生活排污口数量比例较高，分别为 33.3％、28.2％和 28.2％；准东煤炭石油基地和神东煤炭基地城镇污水处理厂排污口数量比例较高，分别为 75.0％和 42.9％。全国重要能源基地规模以上入河湖排污口数量分布见图 5-2-14，不同污水来源规模以上排污口数量比例分布见图 5-2-15。

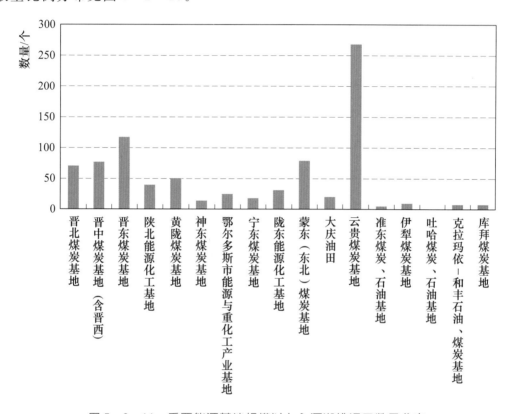

图 5-2-14　重要能源基地规模以上入河湖排污口数量分布

（三）重点生态功能区

全国重点生态功能区由于其独特的自然地理条件和国家发展定位，入河湖排污口分布相对较少。全国重点生态功能区入河湖排污口共 9205 个，占全国总数量的 7.6％。其中规模以上排污口 1235 个，占全国规模以上排污口总数量的 8.0％。重点生态功能区入河湖排污口数量见表 5-2-6。

全国 25 个重点生态功能区中，秦巴生物多样性生态功能区、南岭山地森林及生物多样性生态功能区、武陵山区生物多样性与水土保持生态功能区入河湖排污口数量较多，分别为 1961 个、1913 个和 1356 个，其规模以上排污口分别为 154 个、230 个和 270 个。重点生态功能区规模以上排污口数量分布见图 5-2-16。

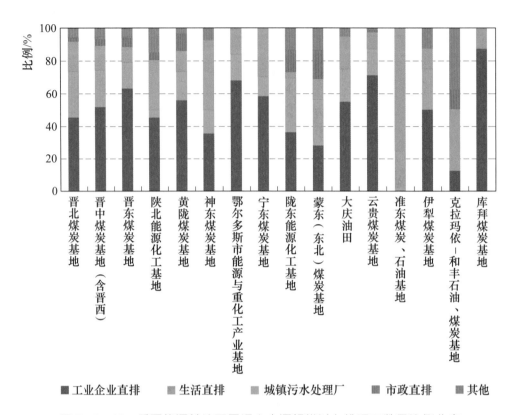

图 5-2-15　重要能源基地不同污水来源规模以上排污口数量比例分布

表 5-2-6　　　　　　　重点生态功能区入河湖排污口数量

生态功能区	排污口数量/个				
	总数	规模以下	规模以上	保护区	饮用水源区
大小兴安岭生态区	171	121	50	9	0
长白山生态区	263	177	86	7	13
阿尔泰生态区	2	0	2	0	0
三江源生态区	6	6	0	0	0
若尔盖生态区	34	31	3	0	0
甘南生态区	88	84	4	0	0
祁连山生态区	60	42	18	2	1
南岭生态区	1913	1683	230	15	5
黄土高原生态区	503	444	59	3	0
大别山生态区	542	487	55	1	2
桂黔滇生态区	480	409	71	0	1

续表

生态功能区	排污口数量/个				
	总数	规模以下	规模以上	保护区	饮用水源区
三峡库区生态区	536	447	89	6	1
塔里木河生态区	7	6	1	0	0
阿尔金生态区	0	0	0	0	0
呼伦贝尔生态区	0	0	0	0	0
科尔沁生态区	21	10	11	0	0
浑善达克生态区	67	56	11	1	0
阴山北麓生态区	2	0	2	0	1
川滇生态区	1029	932	97	5	0
秦巴生态区	1961	1807	154	30	4
藏东南生态区	10	10	0	0	0
藏西北生态区	0	0	0	0	0
三江平原生态区	48	37	11	0	0
武陵生态区	1356	1086	270	16	15
海南岛生态区	106	95	11	3	0
合计	9205	7970	1235	98	43

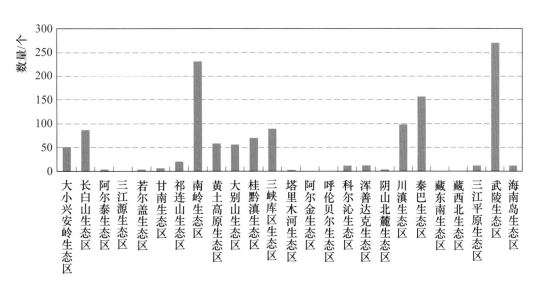

图 5-2-16 重点生态功能区规模以上排污口数量分布

全国 25 个重点生态功能区中，其水功能一级区的保护区和水功能二级区的饮用水源区内规模以上入河湖排污口有 141 个，其中，长白山森林生态功能区、南岭山地森林及生物多样性生态功能区、秦巴生物多样性生态功能区、武陵山区生物多样性与水土保持生态功能区分别有 20 个、20 个、34 个和 31 个；其余 36 个分布在大小兴安岭森林生态功能区、祁连山冰川与水源涵养生态功能区、黄土高原丘陵沟壑水土保持生态功能区等 10 个功能区内。

附录A 名词解释及说明

一、河湖取水口

1. 河湖取水口定义

河湖取水口指利用取水工程从河流（含河流上的水库）、湖泊上取水，向河道外供水（包括工农业生产、居民生活、生态环境等用水）的取水口门。

规模以上：农业取水流量 $0.20 m^3/s$ 及以上和其他用途年取水量 15 万 m^3 及以上的河湖取水口。

2. 取水方式

自流：指没有动力设备直接通过引水闸涵或直接通过引水渠从河湖（水库）引水的取水方式。

抽提：指通过动力设备、利用水力机械从河湖（水库）提水的取水形式。

3. 取水用途

取水用途包括城乡供水、一般工业、火（核）电、农业、生态环境5类。

（1）城乡供水：指取水供城镇或乡村水厂（水站），经供水管网供生活、市政等用水。

（2）一般工业：指取水主要供一般工业（除火电、核电）生产用水。

（3）火（核）电：指取水主要供火（核）电厂用水。

（4）农业：指取水主要供农田灌溉、林、牧、渔业用水。

（5）生态环境：指河道外的生态补水，如向湖泊、湿地等补水，但不包括一般的市政环境用水，如城市绿化、环卫用水等。

4. 取水能力

取水能力指河湖取水口现状取水能力，以河湖取水口2008—2011年年取水量最大值表示。

5. 已办理取水许可比例

数量比例：规模以上河湖取水口中，已办理取水许可证的取水口数量占总数量的百分比。

水量比例：规模以上河湖取水口中，已办理取水许可证的取水口2011年取水量占总取水量的百分比。

6. 取水口密度

取水口密度指单位国土面积的河湖取水口数量，单位为个/万 km²。

7. 取水许可

取水许可制度是我国水资源管理的一项基本制度。直接从江河、湖泊或者地下取水的单位，必须向审批取水许可的机关提出取水申请，经审查批准，获得取水许可证或者其他形式的批准文件后方可取水。实行取水许可制度，是国家加强水资源管理的一项重要措施，是协调和平衡水资源供求关系，实现水资源合理利用的可靠保证。现行的取水许可管理相关法规主要有《中华人民共和国水法》《取水许可和水资源费征收管理条例》和《取水许可管理办法》等。

二、地表水水源地

1. 地表水水源地定义

地表水水源地指为满足城乡供水而划定的地表水水源区域，包括河流型、湖泊型和水库型水源地。

2. 供水用途

城乡生活供水：指该水源地既向城镇居民生活供水又向乡村居民生活供水。

城镇生活供水：指该水源地只向城镇居民生活供水。其中包括居民用水、公共用水（含第三产业及建筑业等用水）和市政环境用水（含环卫用水、绿化用水与河湖补水等）。

乡村生活供水：指该水源地只向乡村居民生活供水。

3. 供水能力

供水能力以供水规模和供水人口等指标表示，其中供水规模为水源地设计文件或批复文件中的设计日供水量，如现状供水能力发生变化，则按 2008—2011 年最大日供水量表示。

4. 供水负荷

供水负荷是用来衡量水源地现状供水工程情况下的供水潜力，通过 2011 年供水量/（日供水能力×365）计算得出。

5. 水质达标

水质达标指水源地最近一次监测水质情况满足该水源地用途要求。

6. 水源保护区

水源保护区指国家为防治饮用水水源地污染，保证水源地环境质量而划定，并要求加以特殊保护的一定面积的水域和陆域。《中华人民共和国水法》规定："国家建立饮用水水源保护区制度。省、自治区、直辖市人民政府应当划定饮用水水源保护区，并采取措施，防止水源枯竭和水体污染，保证城乡居民饮用水安全。"水源保护区一般划分为一级保护区、二级保护区，必要时增设准保护区，根据《饮用水水源保护区划分技术规范》（HJ/T 338—2007）中规定的水质要求和划分方法划定。

7. 水源地水质标准

为了保障人体健康、维护生态平衡、保护水资源、控制水污染、改善地表水质量和促进经济发展，我国制定了适用于江河、湖泊、水库的《地表水环境质量标准》（GB 3838—2002）。依据地表水水域使用目的和保护目标将地表水环境质量划分为五类。具体分类如下。

Ⅰ类 主要适用于源头水、国家自然保护区。

Ⅱ类 主要适用于集中式生活饮用水地表水源地一级保护区、珍稀水生生物栖息地、鱼虾类产场、仔稚幼鱼的索饵场等。

Ⅲ类 主要适用于集中式生活饮用水地表水源地二级保护区、鱼虾类越冬场、洄游通道、水产养殖区等渔业水域及游泳区。

Ⅳ类 主要适用于一般工业用水区及人体非直接接触的娱乐用水区。

Ⅴ类 主要适用于农业用水区及一般景观要求水域。

对应地表水上述五类水域功能，将地表水环境质量标准基本项目标准值分为五类，不同功能类别分别执行相应类别的标准值。

三、河流治理保护

1. 河流治理保护

河流治理保护是指采取各种治理防护措施，改善河流边界条件和水流流态，以适应人类各种需求和保护生态改善环境的状况。

2. 已治理河段

已治理河段是指在具有防洪任务的河段中，曾经采取一定的治理措施进行治理，现状存在治理工程且具有一定防洪能力的河段，治理措施包括堤防加高加固及防渗处理、河道清淤、穿堤建筑物加固或重建、险工整治、控导整治等各类工程措施。

3. 未治理河段

未治理河段是指在具有防洪任务的河段中，需要治理但现状基本为天然状态、两岸没有堤防或堤防标准非常低，基本没有防洪能力的河段。

4. 治理达标河段

治理达标河段是指在已治理河段中，河段防洪能力满足或基本满足规划防洪标准的河段。

5. 有防洪任务河长比例

有防洪任务河长比例是有防洪任务河段长度占总河长的百分比。

6. 有防洪任务达标比例

有防洪任务达标比例是在有防洪任务河段中，已治理达标的河段长度占有防洪任务河长的百分比。

7. 已治理比例

已治理比例是在有防洪任务河段中，已治理的河段长度占有防洪任务河长的百分比。

8. 治理达标比例

治理达标比例是在已治理河段中，治理达标河段长度占已治理河长的百分比。

9. 水功能区

水功能区是指为满足水资源合理开发和有效保护的需求，根据水资源的自然条件、功能要求、开发利用现状，按照流域综合规划、水资源保护规划和经济社会发展要求，在相应水域按其主导功能划定并执行相应质量标准的特定区域。

10. 水功能一级区

水功能一级区分为保护区、缓冲区、开发利用区和保留区四类。

保护区：指对水资源保护、自然生态系统及珍稀濒危物种的保护有重要意义的区域而划定的水域。

缓冲区：指为协调省际以及水污染矛盾突出的地区间用水关系，为满足功能区水质要求而划定的水域。

开发利用区：主要指为满足工农业生产、城镇生活、渔业和游乐等多种需求要求的水域。

保留区：指目前开发利用程度不高，为今后开发利用预留的区域。该区内应维持现状不受破坏。

11. 水功能二级区

在水功能一级区划定的开发利用区中划分，分为饮用水源区、工业用水区、农业用水区、渔业用水区、景观娱乐用水区、过渡区和排污控制区七类。

饮用水源区：指城镇生活用水集中供水的水域。

工业用水区：指为满足城镇工业用水需要的水域。

农业用水区：指为满足农业灌溉用水需要的水域。

渔业用水区：指具有鱼、虾、蟹、贝类产卵场、索饵场、越冬场及洄游通道功能的水域，养殖鱼、虾、蟹、贝类、藻类等水生动植物的水域。

景观娱乐用水区：指以满足景观、疗养、度假和娱乐需要为目的的江河湖库等水域。

过渡区：指为使水质要求有差异的相邻功能区顺利衔接而划定的区域。

排污控制区：指生活、生产废污水排污口比较集中的水域，所接纳的废污水应对水环境无重大不利影响。

四、入河湖排污口

1. 入河湖排污口定义

入河湖排污口指直接或者通过沟、渠、管道等设施向河流（含河流上的水库）、湖泊排放污水的排污口。

规模以上：指入河湖废污水量为 300t/d 及以上或 10 万 t/a 及以上的入河湖排污口。

2. 污水来源

工业企业：指工业企业废水未经任何处理装置处理或具有独立污水处理设施处理，由排污管道（渠、涵等）直接排入河湖水体。

生活：指城镇及乡村集中生活污水未经任何处理装置处理由排污管道（渠、涵等）直接排入河湖水体。

市政：指市政污水未经任何处理装置处理由排污管道（渠、涵等）直接排入河湖水体。

城镇污水处理厂：指废污水通过市政排水管网进入城镇污水处理厂处理后排入河湖。

其他：指不属于上述 4 种处置情况的其他方式，如采取氧化塘、无动力地埋式污水处理装置和土地处理系统处理工艺等方式处理后排入河湖。

3. 污水分类

工业废水：指在工矿生产活动中产生的废水，包括生产废水、外排的直接冷却水和间接冷却水、超标排放的矿井地下水等。

生活污水：指人类在日常生活中使用过的，并被生活废弃物所污染的水，包括从厕所、浴室、盥洗室、厨房、食堂和洗衣房等处排出的水。

混合废污水：由市政排水系统废污水和污水处理厂尾水两大部分组成，即经过污水处理厂（城镇污水处理厂、工业废水集中处理设施）集中处理或者未经处理通过市政管网（下水道等排水管网）直接排入河湖的废污水。

4. 排污方式

自流：指污水不需要动力机械的帮助，可以依靠自身的势能流入河湖（水库），包括明渠、暗管、涵闸、潜没四种方式。

抽提：指污水由水泵、机电设备及配套建筑物组成的提水设施进行抽排入河湖，如抽水站、扬水站等。

5. 入河湖排污口设置许可

水利部根据《中华人民共和国水法》于 2004 年 10 月发布了《入河排污口监督管理办法》，规定设置入河排污口的单位（下称排污单位），应当在向环境保护行政主管部门报送建设项目环境影响报告书（表）之前，向有管辖权的县级以上地方人民政府水行政主管部门或者流域管理机构提出入河排污口设置申请；依法需要办理河道管理范围内建设项目审查手续或者取水许可审批手续的，排污单位应当根据具体要求，分别在提出河道管理范围内建设项目申请或者取水许可申请的同时，提出入河排污口设置申请；依法不需要编制环境影响报告书（表）以及依法不需要办理河道管理范围内建设项目审查手续和取水许可手续的，排污单位应当在设置入河排污口前，向有管辖权的县级以上地方人民政府水行政主管部门或者流域管理机构提出入河排污口设置申请。

《入河排污口监督管理办法》规定有下列情形之一的，不予同意设置入河排污口：①在饮用水水源保护区内设置入河排污口的；②在省级以上人民政府要求削减排污总量的水域设置入河排污口的；③入河排污口设置可能使水域水质达不到水功能区要求的；④入河排污口设置直接影响合法取水户用水安全的；⑤入河排污口设置不符合防洪要求的；⑥不符合法律、法规和国家产业政策规定的；⑦其他不符合国务院水行政主管部门规定条件的。

以上名词解释及说明仅用于本次水利普查。

附录 B 全国水资源分区表

一、松花江区

水资源分区名称			所涉及行政区	
一级区	二级区	三级区	省 级	地 级
	8	18		
松花江	额尔古纳河	呼伦湖水系	内蒙古自治区	呼伦贝尔市、兴安盟、锡林郭勒盟
		海拉尔河	内蒙古自治区	呼伦贝尔市
		额尔古纳河干流	内蒙古自治区	呼伦贝尔市
	嫩江	尼尔基以上	内蒙古自治区	呼伦贝尔市
			黑龙江省	齐齐哈尔市、黑河市、大兴安岭地区
		尼尔基至江桥	内蒙古自治区	呼伦贝尔市、兴安盟
			黑龙江省	齐齐哈尔市、黑河市、绥化市
		江桥以下	内蒙古自治区	通辽市、兴安盟、锡林郭勒盟
			吉林省	松原市、白城市
			黑龙江省	哈尔滨市、齐齐哈尔市、大庆市、黑河市、绥化市
	第二松花江	丰满以上	辽宁省	抚顺市
			吉林省	吉林市、辽源市、通化市、白山市、延边朝鲜族自治州
		丰满以下	吉林省	长春市、吉林市、四平市、辽源市、松原市

续表

水资源分区名称			所涉及行政区	
一级区	二级区	三级区	省　级	地　级
松花江	松花江（三岔河口以下）	三岔河口至哈尔滨	吉林省	长春市、吉林市、松原市
			黑龙江省	哈尔滨市、大庆市、绥化市
		哈尔滨至通河	黑龙江省	哈尔滨市、齐齐哈尔市、伊春市、黑河市、绥化市
		牡丹江	吉林省	吉林市、延边朝鲜族自治州
			黑龙江省	哈尔滨市、七台河市、牡丹江市
		通河至佳木斯干流区间	黑龙江省	哈尔滨市、伊春市、佳木斯市、七台河市
		佳木斯以下	黑龙江省	鹤岗市、双鸭山市、佳木斯市
	黑龙江干流	黑龙江干流	黑龙江省	鹤岗市、伊春市、佳木斯市、黑河市、大兴安岭地区
	乌苏里江	穆棱河口以上	黑龙江省	鸡西市、牡丹江市
		穆棱河口以下	黑龙江省	鸡西市、双鸭山市、佳木斯市、七台河市
	绥芬河	绥芬河	吉林省	延边朝鲜族自治州
			黑龙江省	牡丹江市
	图们江	图们江	吉林省	延边朝鲜族自治州

注　1. 松花江区包括松花江流域及额尔古纳河、黑龙江干流、乌苏里江、图们江、绥芬河等国境内部分。
　　2. 分区名称中出现"以上"或"以下"，统一定义"以上"为包含，"以下"为不包含。如"尼尔基以上"为包含尼尔基。下同。
　　3. 三级区"尼尔基至江桥"，含诺敏河、雅鲁河、绰尔河、讷谟尔河等诸小河。
　　4. 三级区"江桥以下"含乌裕尔河、双阳河、洮儿河、霍林河等诸小河。

二、辽河区

水资源分区名称			所涉及行政区	
一级区	二级区	三级区	省　级	地　级
	6	12		
辽河	西辽河	西拉木伦河及老哈河	河北省	承德市
			内蒙古自治区	赤峰市、通辽市、锡林郭勒盟
			辽宁省	朝阳市
		乌力吉木仁河	内蒙古自治区	赤峰市、通辽市、兴安盟、锡林郭勒盟
			吉林省	白城市
		西辽河下游区间（苏家堡以下）	内蒙古自治区	赤峰市、通辽市
			吉林省	四平市、松原市
	东辽河	东辽河	内蒙古自治区	通辽市
			辽宁省	铁岭市
			吉林省	四平市、辽源市
	辽河干流	柳河口以上	内蒙古自治区	通辽市
			辽宁省	沈阳市、抚顺市、阜新市、铁岭市
			吉林省	四平市
		柳河口以下	辽宁省	沈阳市、鞍山市、锦州市、阜新市、盘锦市
	浑太河	浑河	辽宁省	沈阳市、鞍山市、抚顺市、辽阳市、铁岭市
		太子河及大辽河干流	辽宁省	沈阳市、鞍山市、抚顺市、本溪市、丹东市、营口市、辽阳市、盘锦市
	鸭绿江	浑江口以上	辽宁省	抚顺市、本溪市、丹东市
			吉林省	通化市、白山市
		浑江口以下	辽宁省	本溪市、丹东市

续表

水资源分区名称			所涉及行政区	
一级区	二级区	三级区	省　级	地　级
辽河	东北沿黄渤海诸河	沿黄渤海东部诸河	辽宁省	大连市、鞍山市、丹东市、营口市
		沿渤海西部诸河	河北省	承德市
			内蒙古自治区	赤峰市、通辽市
			辽宁省	锦州市、阜新市、盘锦市、朝阳市、葫芦岛市

注　1. 辽河区包括辽河流域、辽宁沿海诸河区以及鸭绿江流域国境内部分。
　　2. 三级区"柳河口以下"含柳河及绕阳河。

三、海河区

水资源分区名称			所涉及行政区	
一级区	二级区	三级区	省　级	地　级
	4	15		
海河	滦河及冀东沿海	滦河山区	河北省	唐山市、秦皇岛市、张家口市、承德市
			内蒙古自治区	锡林郭勒盟、赤峰市
			辽宁省	朝阳市、葫芦岛市
		滦河平原及冀东沿海诸河	河北省	唐山市、秦皇岛市
	海河北系	北三河山区（蓟运河、潮白河、北运河）	北京市	
			天津市	
			河北省	唐山市、张家口市、承德市
		永定河册田水库以上	山西省	大同市、朔州市、忻州市
			内蒙古自治区	乌兰察布市
		永定河册田水库至三家店区间	北京市	
			河北省	张家口市
			山西省	大同市
			内蒙古自治区	乌兰察布市
		北四河下游平原	北京市	
			天津市	
			河北省	唐山市、廊坊市

续表

水资源分区名称			所涉及行政区	
一级区	二级区	三级区	省级	地级
海河	海河南系	大清河山区	北京市	
			河北省	石家庄市、保定市、张家口市
			山西省	大同市、忻州市
		大清河淀西平原	北京市	
			河北省	石家庄市、保定市
		大清河淀东平原	天津市	
			河北省	保定市、沧州市、廊坊市、衡水市
		子牙河山区	河北省	石家庄市、邯郸市、邢台市
			山西省	太原市、大同市、阳泉市、朔州市、晋中市、忻州市
		子牙河平原	河北省	石家庄市、邯郸市、邢台市、沧州市、衡水市
		漳卫河山区	河北省	邯郸市
			山西省	长治市、晋城市、晋中市
			河南省	安阳市、鹤壁市、新乡市、焦作市
		漳卫河平原	河北省	邯郸市
			河南省	安阳市、鹤壁市、新乡市、焦作市、濮阳市
		黑龙港及运东平原	河北省	邯郸市、邢台市、沧州市、衡水市
	徒骇马颊河	徒骇马颊河	河北省	邯郸市
			山东省	济南市、东营市、德州市、聊城市、滨州市
			河南省	安阳市、濮阳市

四、黄河区

水资源分区名称			所涉及行政区	
一级区	二级区	三级区	省 级	地 级
	8	29		
黄河	龙羊峡以上	河源至玛曲	四川省	阿坝藏族羌族自治州
			甘肃省	甘南藏族自治州
			青海省	果洛藏族自治州、玉树藏族自治州
		玛曲至龙羊峡	甘肃省	甘南藏族自治州
			青海省	黄南藏族自治州、海南藏族自治州、果洛藏族自治州
	龙羊峡至兰州	大通河享堂以上	甘肃省	兰州市、武威市
			青海省	海东地区、海北藏族自治州、海西蒙古族藏族自治州
		湟水	甘肃省	兰州市、临夏回族自治州
			青海省	西宁市、海东地区、海北藏族自治州
		大夏河与洮河	甘肃省	定西市、临夏回族自治州、甘南藏族自治州
			青海省	黄南藏族自治州
		龙羊峡至兰州干流区间	甘肃省	兰州市、武威市、临夏回族自治州
			青海省	西宁市、海东地区、黄南藏族自治州、海南藏族自治州
	兰州至河口镇	兰州至下河沿	甘肃省	兰州市、白银市、武威市、定西市
			宁夏回族自治区	固原市、中卫
		清水河与苦水河	甘肃省	庆阳市
			宁夏回族自治区	吴忠市、固原市、中卫

续表

水资源分区名称			所涉及行政区	
一级区	二级区	三级区	省级	地级
黄河	兰州至河口镇	下河沿至石嘴山	内蒙古自治区	鄂尔多斯市、阿拉善盟
			宁夏回族自治区	银川市、石嘴山市、吴忠市、中卫
		石嘴山至河口镇北岸	内蒙古自治区	呼和浩特市、包头市、乌兰察布市、巴彦淖尔市、阿拉善盟
		石嘴山至河口镇南岸	内蒙古自治区	乌海市、鄂尔多斯市
	河口镇至龙门	河口镇至龙门左岸	山西省	大同市、朔州市、运城市、忻州市、临汾市、吕梁市
			内蒙古自治区	呼和浩特市、乌兰察布市
		吴堡以上右岸	内蒙古自治区	鄂尔多斯市
			陕西省	榆林市
		吴堡以下右岸	内蒙古自治区	鄂尔多斯市
			陕西省	渭南市、延安市、榆林市
	龙门至三门峡	汾河	山西省	太原市、阳泉市、长治市、晋城市、晋中市、运城市、忻州市、临汾市、吕梁市
		北洛河洑头以上	陕西省	铜川市、渭南市、延安市、榆林市
			甘肃省	庆阳市
		泾河张家山以上	陕西省	宝鸡市、咸阳市、榆林市
			甘肃省	平凉市、庆阳市
			宁夏回族自治区	吴忠市、固原市

139

水资源分区名称			所涉及行政区	
一级区	二级区	三级区	省级	地级
黄河	龙门至三门峡	渭河宝鸡峡以上	陕西省	宝鸡市
			甘肃省	白银市、天水市、定西市、平凉市
			宁夏回族自治区	固原市
		渭河宝鸡峡至咸阳	陕西省	西安市、宝鸡市、咸阳市、杨凌市
		渭河咸阳至潼关	陕西省	西安市、铜川市、咸阳市、渭南市、商洛市
		龙门至三门峡干流区间	山西省	运城市
			河南省	三门峡市
			陕西省	渭南市、延安市
	三门峡至花园口	三门峡至小浪底区间	山西省	晋城市、运城市、临汾市
			河南省	洛阳市、三门峡市、济源市
		沁丹河	山西省	长治市、晋城市、晋中市、临汾市
			河南省	焦作市、济源市
		伊洛河	河南省	郑州市、洛阳市、三门峡市
			陕西省	西安市、渭南市、商洛市
		小浪底至花园口干流区间	河南省	郑州市、洛阳市、新乡市、焦作市、济源市
	花园口以下	金堤河和天然文岩渠	河南省	安阳市、新乡市、濮阳市
		大汶河	山东省	济南市、淄博市、济宁市、泰安市、莱芜市
		花园口以下干流区间	山东省	济南市、淄博市、东营市、济宁市、泰安市、德州市、聊城市、滨州市、菏泽市
			河南省	郑州市、开封市、新乡市、濮阳市

水资源分区名称			所涉及行政区	
一级区	二级区	三级区	省级	地级
黄河	内流区	内流区	内蒙古自治区	鄂尔多斯市
			陕西省	榆林市
			宁夏回族自治区	吴忠市

五、淮河区

水资源分区名称			所涉及行政区	
一级区	二级区	三级区	省级	地级
	5	14		
淮河	淮河上游（王家坝以上）	王家坝以上北岸	安徽省	阜阳市
			河南省	平顶山市、漯河市、信阳市、驻马店市
		王家坝以上南岸	河南省	南阳市、信阳市
			湖北省	孝感市、随州市
	淮河中游（王家坝至洪泽湖出口）	王蚌区间北岸	安徽省	蚌埠市、淮南市、阜阳市、亳州市
			河南省	郑州市、开封市、洛阳市、平顶山市、许昌市、漯河市、南阳市、商丘市、周口市、驻马店市
		王蚌区间南岸	安徽省	合肥市、蚌埠市、淮南市、安庆市、滁州市、六安市
			河南省	信阳市
		蚌洪区间北岸	江苏省	徐州市、淮安市、宿迁市
			安徽省	蚌埠市、淮北市、宿州市、亳州市
			河南省	商丘市

续表

水资源分区名称			所涉及行政区	
一级区	二级区	三级区	省级	地级
淮河	淮河中游（王家坝至洪泽湖出口）	蚌洪区间南岸	江苏省	淮安市
			安徽省	合肥市、蚌埠市、滁州市
	淮河下游（洪泽湖出口以下）	高天区	江苏省	南京市、淮安市、扬州市、镇江市
			安徽省	滁州市
		里下河区	江苏省	南通市、淮安市、盐城市、扬州市、泰州市
	沂沭泗河	南四湖区	江苏省	徐州市
			安徽省	宿州市
			山东省	济宁市、菏泽市、枣庄市、泰安市
			河南省	开封市、商丘市
		中运河区	江苏省	徐州市、宿迁市
			山东省	枣庄市、临沂市
		沂沭河区	江苏省	徐州市、连云港市、淮安市、盐城市、宿迁市
			山东省	淄博市、日照市、临沂市
		日赣区	江苏省	连云港市
			山东省	日照市、临沂市
	山东半岛沿海诸河	小清河	山东省	济南市、淄博市、东营市、潍坊市、滨州市
		胶东诸河	山东省	青岛市、烟台市、潍坊市、威海市、日照市、临沂市

注 淮河区包括淮河流域及山东半岛沿海诸河区。

六、长江区

水资源分区名称			所涉及行政区	
一级区	二级区	三级区	省 级	地 级
	12	45		
长江	金沙江石鼓以上	通天河	青海省	玉树藏族自治州、海西蒙古族藏族自治州
		直门达至石鼓	四川省	甘孜藏族自治州
			云南省	丽江市、迪庆藏族自治州
			西藏自治区	昌都地区
			青海省	玉树藏族自治州
	金沙江石鼓以下	雅砻江	四川省	攀枝花市、甘孜藏族自治州、凉山彝族自治州
			云南省	丽江市
			青海省	果洛藏族自治州、玉树藏族自治州
		石鼓以下干流	四川省	攀枝花市、乐山市、宜宾市、甘孜藏族自治州、凉山彝族自治州
			贵州省	毕节市
			云南省	昆明市、曲靖市、昭通市、丽江市、楚雄彝族自治州、大理白族自治州、迪庆藏族自治州
	岷沱江	大渡河	四川省	乐山市、雅安市、阿坝藏族羌族自治州、甘孜藏族自治州、凉山彝族自治州
			青海省	果洛藏族自治州
		青衣江和岷江干流	四川省	成都市、自贡市、内江市、乐山市、眉山市、宜宾市、雅安市、阿坝藏族羌族自治州、凉山彝族自治州

水资源分区名称			所涉及行政区	
一级区	二级区	三级区	省　级	地　级
长江	岷沱江	沱江	重庆市	
			四川省	成都市、自贡市、泸州市、德阳市、绵阳市、内江市、乐山市、眉山市、宜宾市、资阳市
	嘉陵江	广元昭化以上	四川省	绵阳市、广元市、阿坝藏族羌族自治州
			陕西省	宝鸡市、汉中市
			甘肃省	天水市、定西市、陇南市、甘南藏族自治州
		涪江	重庆市	
			四川省	德阳市、绵阳市、广元市、遂宁市、南充市、资阳市、阿坝藏族羌族自治州
		渠江	重庆市	
			四川省	广元市、南充市、广安市、达州市、巴中市
			陕西省	汉中市
		广元昭化以下干流	重庆市	
			四川省	绵阳市、广元市、遂宁市、南充市、广安市、巴中市
			陕西省	汉中市
	乌江	思南以上	贵州省	贵阳市、六盘水市、遵义市、安顺市、铜仁市、毕节市、黔东南苗族侗族自治州、黔南布依族苗族自治州
			云南省	昭通市
		思南以下	湖北省	恩施土家族苗族自治州
			重庆市	
			贵州省	遵义市、铜仁市

水资源分区名称			所涉及行政区	
一级区	二级区	三级区	省级	地级
长江	宜宾至宜昌	赤水河	四川省	泸州市
			贵州省	遵义市、毕节市
			云南省	昭通市
		宜宾至宜昌干流	湖北省	宜昌市、恩施土家族苗族自治州、神农架林区
			重庆市	
			四川省	泸州市、宜宾市、广安市、达州市
			贵州省	遵义市
			云南省	昭通市
	洞庭湖水系	澧水	湖北省	宜昌市、恩施土家族苗族自治州
			湖南省	常德市、张家界市、湘西土家族苗族自治州
		沅江浦市镇以上	湖南省	邵阳市、怀化市、湘西土家族苗族自治州
			贵州省	铜仁市、黔东南苗族侗族自治州、黔南布依族苗族自治州
		沅江浦市镇以下	湖北省	恩施土家族苗族自治州
			湖南省	常德市、张家界市、怀化市、湘西土家族苗族自治州
			重庆市	
			贵州省	铜仁市
		资水冷水江以上	湖南省	邵阳市、永州市、怀化市、娄底市
			广西壮族自治区	桂林市
		资水冷水江以下	湖南省	邵阳市、常德市、益阳市、怀化市、娄底市

水资源分区名称			所涉及行政区	
一级区	二级区	三级区	省 级	地 级
长江	洞庭湖水系	湘江衡阳以上	湖南省	衡阳市、邵阳市、郴州市、永州市、娄底市
			广东省	清远市
			广西壮族自治区	桂林市
		湘江衡阳以下	江西省	萍乡市、宜春市
			湖南省	长沙市、株洲市、湘潭市、衡阳市、邵阳市、岳阳市、益阳市、郴州市、娄底市
		洞庭湖环湖区	江西省	九江市
			湖北省	宜昌市、荆州市
			湖南省	长沙市、岳阳市、常德市、益阳市
	汉江	丹江口以上	河南省	洛阳市、三门峡市、南阳市
			湖北省	十堰市、神农架林区
			重庆市	
			四川省	达州市
			陕西省	西安市、宝鸡市、汉中市、安康市、商洛市
			甘肃省	陇南市
		唐白河	河南省	洛阳市、南阳市、驻马店市
			湖北省	襄阳市、随州市
		丹江口以下干流	河南省	南阳市
			湖北省	武汉市、十堰市、襄阳市、荆门市、孝感市、仙桃市、潜江市、天门市、神农架林区
	鄱阳湖水系	修水	江西省	南昌市、九江市、宜春市

水资源分区名称			所涉及行政区	
一级区	二级区	三级区	省　级	地　级
长江	鄱阳湖水系	赣江栋背以上	福建省	三明市、龙岩市
			江西省	赣州市、吉安市、抚州市
			湖南省	郴州市
			广东省	韶关市
		赣江栋背至峡江	江西省	萍乡市、新余市、赣州市、吉安市、宜春市、抚州市
		赣江峡江以下	江西省	南昌市、萍乡市、新余市、吉安市、宜春市
		抚河	福建省	南平市
			江西省	南昌市、宜春市、抚州市
		信江	浙江省	衢州市
			福建省	南平市
			江西省	鹰潭市、抚州市、上饶市
		饶河	浙江省	衢州市
			安徽省	黄山市
			江西省	景德镇市、上饶市
		鄱阳湖环湖区	安徽省	池州市
			江西省	南昌市、九江市、鹰潭市、宜春市、抚州市、上饶市
	宜昌至湖口	清江	湖北省	宜昌市、恩施土家族苗族自治州
		宜昌至武汉左岸	湖北省	宜昌市、襄阳市、荆门市、荆州市、潜江市
		武汉至湖口左岸	河南省	信阳市
			湖北省	武汉市、荆门市、孝感市、黄冈市、随州市
		城陵矶至湖口右岸	江西省	九江市
			湖北省	武汉市、黄石市、鄂州市、咸宁市
			湖南省	岳阳市

水资源分区名称			所涉及行政区	
一级区	二级区	三级区	省 级	地 级
长江	湖口以下干流	巢滁皖及沿江诸河	江苏省	南京市、扬州市
			安徽省	合肥市、安庆市、滁州市、巢湖市、六安市
			湖北省	黄冈市
		青弋江和水阳江及沿江诸河	江苏省	南京市、镇江市
			安徽省	芜湖市、马鞍山市、铜陵市、黄山市、池州市、宣城市
			江西省	九江市
		通南及崇明岛诸河	上海市	
			江苏省	无锡市、常州市、苏州市、南通市、扬州市、镇江市、泰州市
	太湖水系	湖西及湖区	江苏省	南京市、无锡市、常州市、苏州市、镇江市
			浙江省	杭州市、湖州市
			安徽省	宣城市
		武阳区	上海市	
			江苏省	无锡市、常州市、苏州市
		杭嘉湖区	上海市	
			江苏省	苏州市
			浙江省	杭州市、嘉兴市、湖州市
		黄浦江区	上海市	

七、东南诸河区

水资源分区名称			所涉及行政区	
一级区	二级区	三级区	省级	地级
	7	11		
东南诸河	钱塘江	富春江水库以上	浙江省	杭州市、绍兴市、金华市、衢州市、丽水市
			安徽省	黄山市、宣城市
			福建省	南平市
			江西省	上饶市
		富春江水库以下	浙江省	杭州市、宁波市、绍兴市、金华市、台州市
	浙东诸河	浙东沿海诸河（含象山港及三门湾）	浙江省	宁波市、绍兴市、台州市
		舟山群岛	浙江省	舟山市
	浙南诸河	瓯江温溪以上	浙江省	温州市、金华市、丽水市
		瓯江温溪以下	浙江省	温州市、绍兴市、金华市、台州市、丽水市
	闽东诸河	闽东诸河	浙江省	温州市、丽水市
			福建省	福州市、南平市、宁德市
	闽江	闽江上游（南平以上）	浙江省	丽水市
			福建省	三明市、南平市、龙岩市
		闽江中下游（南平以下）	福建省	福州市、莆田市、三明市、泉州市、南平市、宁德市

水资源分区名称			所涉及行政区	
一级区	二级区	三级区	省　级	地　级
东南诸河	闽南诸河	闽南诸河	福建省	福州市、厦门市、莆田市、三明市、泉州市、漳州市、龙岩市
	台澎金马诸河	台澎金马诸河	福建省	泉州市
			台湾省	

八、珠江区

水资源分区名称			所涉及行政区	
一级区	二级区	三级区	省　级	地　级
	10	22		
珠江	南北盘江	南盘江	广西壮族自治区	百色市
			贵州省	六盘水市、黔西南布依族苗族自治州
			云南省	昆明市、曲靖市、玉溪市、红河哈尼族彝族自治州、文山壮族苗族自治州
		北盘江	贵州省	六盘水市、安顺市、黔西南布依族苗族自治州、毕节市
			云南省	曲靖市
	红柳江	红水河	广西壮族自治区	南宁市、柳州市、贵港市、来宾市、百色市、河池市
			贵州省	贵阳市、安顺市、黔西南布依族苗族自治州、黔南布依族苗族自治州
		柳江	湖南省	邵阳市、怀化市
			广西壮族自治区	柳州市、桂林市、河池市、来宾市
			贵州省	黔东南苗族侗族自治州、黔南布依族苗族自治州

水资源分区名称			所涉及行政区	
一级区	二级区	三级区	省　级	地　级
珠江	郁江	右江	广西壮族自治区	南宁市、百色市、河池市、崇左市
			云南省	文山壮族苗族自治州
		左江及郁江干流	广西壮族自治区	南宁市、防城港市、钦州市、贵港市、玉林市、百色市、崇左市
	西江	桂贺江	湖南省	永州市
			广东省	肇庆市、清远市
			广西壮族自治区	桂林市、梧州市、贺州市、来宾市
		黔浔江及西江（梧州以下）	广东省	茂名市、肇庆市、云浮市
			广西壮族自治区	桂林市、梧州市、贵港市、玉林市、贺州市、来宾市
	北江	北江大坑口以上	江西省	赣州市
			湖南省	郴州市
			广东省	韶关市
		北江大坑口以下	广东省	广州市、韶关市、佛山市、肇庆市、河源市、清远市
			广西壮族自治区	贺州市
	东江	东江秋香江口以上	江西省	赣州市
			广东省	韶关市、梅州市、河源市
		东江秋香江口以下	广东省	深圳市、惠州市、东莞市

续表

水资源分区名称			所涉及行政区	
一级区	二级区	三级区	省　级	地　级
珠江	珠江 三角洲	东江三角洲	广东省	广州市、深圳市、惠州市、东莞市
		香港	香港特别 行政区	
		西北江 三角洲	广东省	广州市、珠海市、佛山市、江门市、肇庆市、阳江市、中山市、云浮市
		澳门	澳门特别 行政区	
	韩江及 粤东诸河	韩江白莲 以上	福建省	三明市、漳州市、龙岩市
			江西省	赣州市
			广东省	梅州市、河源市
		韩江白莲 以下及粤 东诸河	广东省	汕头市、惠州市、梅州市、汕尾市、潮州市、揭阳市
	粤西桂南 沿海诸河	粤西诸河	广东省	江门市、湛江市、茂名市、阳江市、云浮市
			广西壮族 自治区	玉林市
		桂南诸河	广西壮族 自治区	南宁市、北海市、防城港市、钦州市、玉林市
	海南岛及 南海各岛 诸河	海南岛	海南省	海口市、三亚市、海南省直辖行政单位
		南海各岛 诸河	海南省	三沙市

注　珠江区包括珠江流域、华南沿海诸河区、海南岛及南海各岛诸河区。

九、西南诸河区

水资源分区名称			所涉及行政区	
一级区	二级区	三级区	省 级	地 级
	6	14		
西南诸河	红河	李仙江	云南省	玉溪市、楚雄彝族自治州、红河哈尼族彝族自治州、普洱市、大理白族自治州
		元江	云南省	昆明市、玉溪市、楚雄彝族自治州、红河哈尼族彝族自治州、文山壮族苗族自治州、大理白族自治州
		盘龙江	广西壮族自治区	百色市
			云南省	红河哈尼族彝族自治州、文山壮族苗族自治州
	澜沧江	沘江口以上	云南省	大理白族自治州、怒江傈僳族自治州、迪庆藏族自治州
			西藏自治区	昌都地区、那曲地区
			青海省	玉树藏族自治州
		沘江口以下	云南省	保山市、丽江市、普洱市、西双版纳傣族自治州、大理白族自治州、临沧市
	怒江及伊洛瓦底江	怒江勐古以上	云南省	保山市、大理白族自治州、怒江傈僳族自治州
			西藏自治区	昌都地区、那曲地区、林芝地区
		怒江勐古以下	云南省	保山市、普洱市、德宏傣族景颇族自治州、临沧市
		伊洛瓦底江	云南省	保山市、德宏傣族景颇族自治州、怒江傈僳族自治州
			西藏自治区	林芝地区

续表

水资源分区名称			所涉及行政区	
一级区	二级区	三级区	省　级	地　级
西南诸河	雅鲁藏布江	拉孜以上	西藏自治区	日喀则地区、阿里地区
		拉孜至派乡	西藏自治区	拉萨市、山南地区、日喀则地区、那曲地区、林芝地区
		派乡以下	西藏自治区	昌都地区、那曲地区、林芝地区
	藏南诸河	藏南诸河	西藏自治区	昌都地区、山南地区、日喀则地区、阿里地区、林芝地区
	藏西诸河	奇普恰普河	西藏自治区	阿里地区
			新疆维吾尔自治区	和田地区
		藏西诸河	西藏自治区	阿里地区

十、西北诸河区

水资源分区名称			所涉及行政区	
一级区	二级区	三级区	省　级	地　级
	14	33		
西北诸河	内蒙古内陆河	内蒙古高原东部	河北省	张家口市
			内蒙古自治区	赤峰市、锡林郭勒盟
		内蒙古高原西部	内蒙古自治区	呼和浩特市、包头市、乌兰察布市、巴彦淖尔市
	河西内陆河	石羊河	甘肃省	金昌市、白银市、武威市、张掖市
			青海省	海北藏族自治州
			宁夏回族自治区	吴忠市

水资源分区名称			所涉及行政区	
一级区	二级区	三级区	省 级	地 级
西北诸河	河西内陆河	黑河	内蒙古自治区	阿拉善盟
			甘肃省	嘉峪关市、张掖市、酒泉市
			青海省	海北藏族自治州
		疏勒河	甘肃省	张掖市、酒泉市
			青海省	海西蒙古族藏族自治州
		河西荒漠区	内蒙古自治区	阿拉善盟
	青海湖水系	青海湖水系	青海省	海北藏族自治州、海南藏族自治州、海西蒙古族藏族自治州
	柴达木盆地	柴达木盆地东部	青海省	果洛藏族自治州、海西蒙古族藏族自治州
		柴达木盆地西部	青海省	玉树藏族自治州、海西蒙古族藏族自治州
			新疆维吾尔自治区	巴音郭楞蒙古自治州
	吐哈盆地小河	巴伊盆地	新疆维吾尔自治区	哈密地区
		哈密盆地	新疆维吾尔自治区	哈密地区
		吐鲁番盆地	新疆维吾尔自治区	乌鲁木齐市、吐鲁番地区、哈密地区、巴音郭楞蒙古自治州
	阿尔泰山南麓诸河	额尔齐斯河	新疆维吾尔自治区	阿勒泰地区
		乌伦古河	新疆维吾尔自治区	阿勒泰地区
		吉木乃诸小河	新疆维吾尔自治区	阿勒泰地区

水资源分区名称			所涉及行政区	
一级区	二级区	三级区	省　级	地　级
西北诸河	中亚西亚内陆河区	额敏河	新疆维吾尔自治区	塔城地区
		伊犁河	新疆维吾尔自治区	巴音郭楞蒙古自治州、伊犁哈萨克自治州
	古尔班通古特荒漠区	古尔班通古特荒漠区	新疆维吾尔自治区	昌吉回族自治州、塔城地区、阿勒泰地区
	天山北麓诸河	东段诸河	新疆维吾尔自治区	昌吉回族自治州
		中段诸河	新疆维吾尔自治区	乌鲁木齐市、克拉玛依市、吐鲁番地区、昌吉回族自治州、巴音郭楞蒙古自治州、塔城地区、石河子市
		艾比湖水系	新疆维吾尔自治区	克拉玛依市、博尔塔拉蒙古自治州、伊犁哈萨克自治州、塔城地区
	塔里木河源	和田河	新疆维吾尔自治区	阿克苏地区、和田地区
		叶尔羌河	新疆维吾尔自治区	阿克苏地区、克孜勒苏柯尔克孜自治州、喀什地区、和田地区
		喀什噶尔河	新疆维吾尔自治区	克孜勒苏柯尔克孜自治州、喀什地区
		阿克苏河	新疆维吾尔自治区	阿克苏地区、克孜勒苏柯尔克孜自治州
		渭干河	新疆维吾尔自治区	阿克苏地区、伊犁哈萨克自治州
		开孔河	新疆维吾尔自治区	巴音郭楞蒙古自治州、阿克苏地区

续表

水资源分区名称			所涉及行政区	
一级区	二级区	三级区	省　级	地　级
西北诸河	昆仑山北麓小河	克里亚河诸小河	新疆维吾尔自治区	巴音郭楞蒙古自治州、和田地区
		车尔臣河诸小河	新疆维吾尔自治区	巴音郭楞蒙古自治州
	塔里木河干流	塔里木河干流	新疆维吾尔自治区	巴音郭楞蒙古自治州、阿克苏地区
	塔里木盆地荒漠区	塔克拉玛干沙漠	新疆维吾尔自治区	巴音郭楞蒙古自治州、阿克苏地区、喀什地区、和田地区
		库木塔格沙漠	新疆维吾尔自治区	吐鲁番地区、哈密地区、巴音郭楞蒙古自治州
	羌塘高原内陆区	羌塘高原区	西藏自治区	拉萨市、日喀则地区、那曲地区、阿里地区
			青海省	玉树藏族自治州、海西蒙古族藏族自治州
			新疆维吾尔自治区	巴音郭楞蒙古自治州、和田地区

注　西北诸河区包括塔里木河等西北内陆河及额尔齐斯河、伊犁河等国境内部分。

附录 C 重点区域基本情况

本次普查数据汇总的重点区域包括重要经济区（城市群）、粮食主产区、重要能源基地及重要生态功能区，基本情况如下。

一、粮食主产区

根据《全国主体功能区规划》确定的"七区二十三带"为主体的农产品主产区中涉及的粮食主产区，结合黑龙江、辽宁、吉林、内蒙古、河北、江苏、安徽、江西、山东、河南、湖北、湖南、四川等 13 个粮食主产省（自治区）和《全国新增 1000 亿斤粮食生产能力规划（2009—2020 年)》所确定的 800 个粮食增产县，以及《现代农业发展规划（2011—2015 年)》所确定的重要粮食主产区等，综合分析确定全国粮食主产区范围为"七区十七带"，涉及 26 个省级行政区，221 个地级行政区，共计 898 个粮食主产县。全国粮食主产区划分情况见表 C-1。

——东北平原主产区。建设以优质粳稻为主的水稻产业带，以籽粒与青贮兼用型玉米为主的专用玉米产业带，以高油大豆为主的大豆产业带，以肉牛、奶牛、生猪为主的畜产品产业带。

——黄淮海平原主产区。建设以优质强筋、中强筋和中筋小麦为主的优质专用小麦产业带，优质棉花产业带，以籽粒与青贮兼用和专用玉米为主的专用玉米产业带，以高蛋白大豆为主的大豆产业带，以肉牛、肉羊、奶牛、生猪、家禽为主的畜产品产业带。

——长江流域主产区。建设以双季稻为主的优质水稻产业带，以优质弱筋和中筋小麦为主的优质专用小麦产业带，优质棉花产业带，"双低"优质油菜产业带，以生猪、家禽为主的畜产品产业带，以淡水鱼类、河蟹为主的水产品产业带。

——汾渭平原主产区。建设以优质强筋、中筋小麦为主的优质专用小麦产业带，以籽粒与青贮兼用型玉米为主的专用玉米产业带。

——河套灌区主产区。建设以优质强筋、中筋小麦为主的优质专用小麦产业带。

——华南主产区。建设以优质高档籼稻为主的优质水稻产业带，甘蔗产业带，以对虾、罗非鱼、鳗鲡为主的水产品产业带。

——甘肃新疆主产区。建设以优质强筋、中筋小麦为主的优质专用小麦产业带，优质棉花产业带。

表 C-1 粮食主产区划分情况表

序号	粮食主产区		省级行政区	地级行政区数量/个	县级行政区数量/个
1	东北平原	三江平原	黑龙江省	7	23
		松嫩平原	黑龙江省	5	41
			吉林省	8	32
			内蒙古自治区	2	8
			小计	15	81
		辽河中下游区	辽宁省	13	37
			内蒙古自治区	2	14
			小计	15	51
		合 计		37	155
2	黄淮海平原	黄海平原	河北省	10	79
			山东省	3	22
			河南省	5	25
			小计	18	126
		黄淮平原	江苏省	5	25
			安徽省	8	27
			山东省	3	20
			河南省	10	66
			小计	26	138
		山东半岛区	山东省	10	32
		合 计		54	296
3	长江流域	洞庭湖湖区	湖南省	13	56
		江汉平原区	湖北省	11	36
		鄱阳湖湖区	江西省	10	42
		长江下游地区	江苏省	6	18
			浙江省	1	3
			安徽省	6	16
			小计	13	37
		四川盆地区	重庆市	2	11
			四川省	17	52
			小计	19	63
		合 计		66	234

序号	粮食主产区		省级行政区	地级行政区数量/个	县级行政区数量/个
4	汾渭平原	汾渭谷地区	山西省	7	25
			陕西省	7	24
			宁夏回族自治区	1	2
			甘肃省	3	8
		合　计		18	59
5	河套灌区	宁蒙河段区	内蒙古自治区	5	13
			宁夏回族自治区	4	8
		合　计		9	21
6	华南主产区	浙闽区	浙江省	1	3
			福建省	3	17
			小计	4	20
		粤桂丘陵区	广东省	2	5
			广西壮族自治区	5	15
			小计	7	20
		云贵藏高原区	贵州省	2	11
			云南省	5	20
			西藏自治区	4	10
			小计	11	41
		合　计		22	81
7	甘肃新疆	甘新地区	甘肃省	5	11
			新疆维吾尔自治区	10	41
		合　计		15	52
总计7个粮食主产区，17个粮食产业带，涉及26个省				221	898

　　粮食主产区是我国粮食生产的重点区域，担负着我国大部分的粮食生产任务。全国粮食主产区国土面积273万 km²，占全国国土总面积的28%；总耕地面积10.2亿亩，约占全国耕地总面积的56%；总灌溉面积6.4亿亩，占全国总灌溉面积的64%。粮食总产量4.05亿 t，占全国粮食总产量的74.1%。

二、重要经济区

　　《全国主体功能区规划》确定了我国"两横三纵"的城市化战略格局，包括环渤海地区、长江三角洲地区、珠江三角洲地区 3 个国家级优化开发区域和冀中南地区、太原城市群等 18 个国家层面重点开发区域。

国家优化开发区域是指具备以下条件的城市化地区：综合实力较强，能够体现国家竞争力；经济规模较大，能支撑并带动全国经济发展；城镇体系比较健全，有条件形成具有全球影响力的特大城市群；内在经济联系紧密，区域一体化基础较好；科学技术创新实力较强，能引领并带动全国自主创新和结构升级。

国家重点开发区域是指具备以下条件的城市化地区：具备较强的经济基础，具有一定的科技创新能力和较好的发展潜力；城镇体系初步形成，具备经济一体化的条件，中心城市有一定的辐射带动能力，有可能发展成为新的大城市群或区域性城市群；能够带动周边地区发展，且对促进全国区域协调发展意义重大。

3 大国家级优化开发区域和 18 个国家层面重点开发区域简称为重要经济区，共 27 个国家级重要经济区，涉及 31 个省级行政区、212 个地级行政区和 1754 个县级行政区。全国重要经济区国土面积 284.1 万 km^2，占全国总面积的 29.6%；常住人口 9.8 亿，占全国总人口的 73%；地区生产总值 41.9 万亿元，占全国地区生产总值的 80%。全国重要经济区划分情况见表 C-2。

表 C-2　　　　　　　　　　全国重要经济区划分情况表

序号	重要经济区名称		所涉及的行政区		县级行政区数量/个
			省级行政区	重点地区	
1	环渤海地区	京津冀地区	北京	城区、卫星城镇及工业园区	16
			天津	城区、卫星城镇及工业园区	16
			河北	唐山市、秦皇岛市、沧州市、廊坊市、张家口市、承德市	72
	环渤海地区	辽中南地区	辽宁	沈阳市、鞍山市、辽阳市、抚顺市、本溪市、铁岭市、营口市、大连市、盘锦市、锦州市、葫芦岛市、丹东市	84
		山东半岛地区	山东	青岛市、烟台市、威海市、潍坊市、淄博市、东营市、滨州市	60

续表

序号	重要经济区名称		所涉及的行政区		县级行政区数量/个
			省级行政区	重点地区	
2	长江三角洲地区		上海	城区、卫星城镇及工业园区	18
			江苏	南京市、镇江市、扬州市、南通市、泰州市、苏州市、无锡市、常州市	65
			浙江	杭州市、湖州市、嘉兴市、宁波市、绍兴市、舟山市、台州市	54
3	珠江三角洲地区		广东	广州市、深圳市、珠海市、佛山市、肇庆市、东莞市、惠州市、中山市、江门市	47
4	冀中南地区		河北	石家庄市、保定市、邯郸市、邢台市、衡水市	95
5	太原城市群		山西	忻州市、阳泉市、长治市、太原市、汾阳市、晋中市	50
6	呼包鄂榆地区		内蒙古	呼和浩特市、包头市、鄂尔多斯市、乌海市	29
			陕西	榆林市	12
7	哈长地区	哈大齐工业走廊与牡绥地区	黑龙江	哈尔滨市、大庆市、齐齐哈尔市、牡丹江市	52
		长吉图经济区	吉林	长春市、吉林市、延吉市、松原市、图们市、龙井市	26
8	东陇海地区		山东	日照市	4
			江苏	连云港市、徐州市	15
9	江淮地区		安徽	滁州市、合肥市、安庆市、池州市、铜陵市、芜湖市、马鞍山市、宣城市	56
10	海峡西岸经济区		福建	福州市、厦门市、泉州市、莆田市、漳州市、宁德市、南平市、三明市、龙岩市	84
			浙江	温州市、丽水市、衢州市	26
			广东	汕头市、揭阳市、潮州市、汕尾市、梅州市	26
			江西	赣州市	18

序号	重要经济区名称		所涉及的行政区		县级行政区数量/个
			省级行政区	重点地区	
11	中原经济区		河南	安阳市、鹤壁市、新乡市、焦作市、濮阳市、郑州市、开封市、平顶山市、许昌市、漯河市、商丘市、信阳市、周口市、驻马店市、洛阳市、三门峡市、济源市、南阳市	157
			山西	晋城市、运城市	19
			安徽	宿州市、淮北市、阜阳市、亳州市、蚌埠市、淮南市	30
			山东	聊城市、菏泽市、泰安市	18
12	长江中游地区	武汉城市圈	湖北	武汉市、黄石市、黄冈市、鄂州市、孝感市、咸宁市、仙桃市、潜江市、天门市	47
		环长株潭城市群	湖南	长沙市、株洲市、湘潭市、岳阳市、益阳市、衡阳市、常德市、娄底市	64
		鄱阳湖生态经济区	江西	南昌市、九江市、景德镇市、鹰潭市、新余市、抚州市、宜春市、上饶市、吉安市	76
13	北部湾地区		广西	南宁市、北海市、钦州市、防城港市	24
			广东	湛江市	9
			海南	海口市、三亚市、琼海市、文昌市、万宁市、东方市、儋州市、三沙市	21
14	成渝地区	重庆经济区	重庆	19个市辖区及潼南、铜梁、大足、荣昌、璧山、梁平、丰都、垫江、忠县、开县、云阳、石柱等12个县	31
		成都经济区	四川	成都市、德阳市、绵阳市、乐山市、雅安市、眉山市、资阳市、遂宁市、自贡市、泸州市、内江市、南充市、宜宾市、达州市、广安市	115
15	黔中地区		贵州	贵阳市、遵义市、安顺市、毕节地区和都匀市、凯里市等2个县级市	39
16	滇中地区		云南	昆明市、曲靖市、楚雄市、玉溪市	42
17	藏中南地区		西藏	拉萨市、日喀则市和那曲县及泽当、八一镇	12
18	关中-天水地区		陕西	西安市、咸阳市、宝鸡市、铜川市、渭南市、商洛市	59
			甘肃	天水市	7

序号	重要经济区名称		所涉及的行政区		
			省级行政区	重 点 地 区	县级行政区数量/个
19	兰州-西宁地区		甘肃	兰州市、白银市	12
			青海	西宁市和互助、乐都、平安等 3 县城镇、格尔木市	10
20	宁夏沿黄经济区		宁夏	银川市、吴忠市、石嘴山市、中卫市	13
21	天山北坡地区		新疆	乌鲁木齐市、昌吉市、阜康市、石河子市、五家渠市、克拉玛依市、博乐市、乌苏市、奎屯市、伊宁市及伊犁县、精河县、察布查尔、霍城、沙湾 5 县和霍尔果斯口岸	24

总计共 27 个国家级重要经济区，涉及 31 个省，212 个地级市，1754 个县。

三、重要能源基地

中国是能源消费大国，能源在我国国民经济中占有相当重要和突出的地位，但能源分布极不平衡。根据国民经济发展的需要和能源资源的分布状况，《全国主体功能区规划》中明确了我国能源开发的布局，重点在能源资源富集的山西、鄂尔多斯盆地、西南、东北和新疆等地区建设能源基地，形成以"五片一带"为主体，以点状分布的新能源基地为补充的能源开发布局框架。共划分 5 片 17 个重要能源基地，涉及煤炭开采、煤电开发、石油开采、天然气开采等诸多类型。

——西南地区。合理开发利用攀西钒钛资源，加快技术攻关，进行保护性开发，提高资源综合利用水平，把攀西建设成为全国重要的钒钛产业基地。合理开发利用云南、贵州、广西的铜、铝、铅、锌、锡等资源。提高云南滇中、贵州开阳瓮福磷矿的开发利用水平，提高可持续发展能力，建设滇黔全国重要的磷化工基地。

——西北地区。合理开发内蒙古包头白云鄂博铁稀土矿，强化稀土资源保护和综合利用，建设全国重要的稀土生产基地。合理开发利用内蒙古、陕西、甘肃、新疆的铜、锌、镍、钼等资源。加强青海、新疆盐湖资源开发，加大对钾、镁、锂、硼等多种矿产综合开发利用的力度，构建循环经济产业链，建设青海柴达木、新疆罗布泊资源综合开发利用基地。

——中部地区。合理开发利用山西、河南铝土矿，以及江西、湖南、湖北、安徽的铜、铅、锌、锡、钨等资源。促进山西吕梁太行、湖北鄂东、安徽皖江和江西赣中铁矿的开发利用。做好赣南赣北、湘南钨和稀土的保护性开发。提高湖北宜昌磷矿开发利用水平，发展磷化工深加工产业。

——东北地区。充分挖掘辽宁鞍本铁矿资源潜力，合理开发利用黑龙江、辽宁、吉林的铅、锌、铜、金、钼等资源以及菱镁矿等非金属矿产，积极发展接续产业，促进资源型城市转型发展。

——东部沿海地区。综合利用好河北承德钒钛磁铁矿、冀东铁金矿、海南铁矿，整顿并合理开发利用山东铁矿资源，合理开发利用广东、福建的铜、铅、锌等资源。充分发挥区位优势，更多地利用进口矿产资源支持经济发展。

全国 5 片 17 个重要能源基地，共涉及 11 个省级行政区、55 个地级行政区、257 个县级行政区。担负着我国大部分煤炭、石油等资源的生产开发，是我国经济社会发展的命脉。全国重要能源基地总面积 101.3 万 km^2，占我国国土总面积的 10.5%；常住人口 0.78 亿人，占全国总人口的 5.8%；工业生产总值 4.4 万亿元，占全国工业生产总值的 5%。

全国重要能源基地划分情况见表 C-3。

表 C-3　　　　　　　　全国重要能源基地划分情况表

序号	重要能源基地		省级行政区数量/个	地级行政区数量/个	县级行政区数量/个
1	山西	晋北煤炭基地	1	5	19
		晋中煤炭基地（含晋西）	1	6	29
		晋东煤炭基地	1	6	27
		合计	1	11	75
2	鄂尔多斯盆地	陕北能源化工基地	1	2	24
		黄陇煤炭基地	1	4	10
		神东煤炭基地	1	2	12
		鄂尔多斯市能源与重化工产业基地	1	1	8
		宁东煤炭基地	1	3	6
		陇东能源化工基地	1	2	12
		合计	4	13	72
3	东北地区	蒙东（东北）煤炭基地	3	13	49
		大庆油田	1	1	9
		合计	4	14	58
4	西南地区	云贵煤炭基地	3	9	27
5	新疆	准东煤炭、石油基地	1	2	6
		伊犁煤炭基地	1	1	5
		吐哈煤炭、石油基地	1	2	5
		克拉玛依-和丰石油、煤炭基地	1	3	7
		库拜煤炭基地	1	1	2
		合计	1	8	25
总计 5 个能源片区，17 个能源基地			11	55	257

四、重点生态功能区

根据《全国主体功能区规划》，国家层面限制开发的重点生态功能区是保障国家生态安全的重要区域，是人与自然和谐相处的示范区，以保护和修复生态环境、提供生态产品为首要任务，因地制宜地发展不影响主体功能定位的适宜产业，引导超载人口逐步有序转移，其规划发展方向包含以下四种类型。

——水源涵养型。推进天然林草保护、退耕还林和围栏封育，治理水土流失，维护或重建湿地、森林、草原等生态系统。严格保护具有水源涵养功能的自然植被，禁止过度放牧、无序采矿、毁林开荒、开垦草原等行为。加强大江大河源头及上游地区的小流域治理和植树造林，减少面源污染。拓宽农民增收渠道，解决农民长远生计，巩固退耕还林、退牧还草成果。

——水土保持型。大力推行节水灌溉和雨水集蓄利用，发展旱作节水农业。限制陡坡垦殖和超载过牧。加强小流域综合治理，实行封山禁牧，恢复退化植被。加强对能源和矿产资源开发及建设项目的监管，加大矿山环境整治修复力度，最大限度地减少人为因素造成新的水土流失。拓宽农民增收渠道，解决农民长远生计，巩固水土流失治理、退耕还林、退牧还草成果。

——防风固沙型。转变畜牧业生产方式，实行禁牧休牧，推行舍饲圈养，以草定畜，严格控制载畜量。加大退耕还林、退牧还草力度，恢复草原植被。加强对内陆河流的规划和管理，保护沙区湿地，禁止发展高耗水工业。对主要沙尘源区、沙尘暴频发区实行封禁管理。

——生物多样性维护型。禁止对野生动植物进行滥捕滥采，保持并恢复野生动植物物种和种群的平衡，实现野生动植物资源的良性循环和永续利用。加强防御外来物种入侵的能力，防止外来有害物种对生态系统的侵害。保护自然生态系统与重要物种栖息地，防止生态建设导致栖息环境的改变。

国家层面限制开发的重点生态功能区包括大小兴安岭森林生态功能区等25个区域，共涉及全国24个省（直辖市、自治区），包含435个县级行政区。总面积约为384万 km^2，占全国国土总面积的39.8%；2011年年底常住总人口约1.05亿人，约占全国总人口的7.7%。国家层面限制开发的重点生态功能区划分情况见表 C-4。

表 C-4　　　国家层面限制开发的重点生态功能区划分情况表

生 态 功 能 区	省级行政区数量/个	县级行政区数量/个
大小兴安岭森林生态功能区	2	43
长白山森林生态功能区	2	19
阿尔泰山地森林草原生态功能区	1	7
三江源草原草甸湿地生态功能区	1	16
若尔盖草原湿地生态功能区	1	3
甘南黄河重要水源补给生态功能区	1	10
祁连山冰川与水源涵养生态功能区	2	14
南岭山地森林及生物多样性生态功能区	4	34
黄土高原丘陵沟壑水土保持生态功能区	4	45
大别山水土保持生态功能区	3	15
桂黔滇喀斯特石漠化防治生态功能区	3	26
三峡库区水土保持生态功能区	2	9
塔里木河荒漠化防治生态功能区	1	20
阿尔金草原荒漠化防治生态功能区	1	2
呼伦贝尔草原草甸生态功能区	1	2
科尔沁草原生态功能区	2	11
浑善达克沙漠化防治生态功能区	2	15
阴山北麓草原生态功能区	1	6
川滇森林及生物多样性生态功能区	2	47
秦巴生物多样性生态功能区	5	46
藏东南高原边缘森林生态功能区	1	3
藏西北羌塘高原荒漠生态功能区	1	5
三江平原湿地生态功能区	1	7
武陵山区生物多样性与水土保持生态功能区	3	25
海南岛中部山区热带雨林生态功能区	1	4
总计 25 个重点生态功能区	24	434

附录 D 附 表

附表 D1 主 要 江 河 名 录

序号	水资源区或流域	主要河流	备 注
	松花江一级区		
1	松花江流域	松花江	以嫩江为主源
2		洮儿河	
3		霍林河	
4		雅鲁河	
5		诺敏河	
6		第二松花江	
7		呼兰河	
8		拉林河	
9		牡丹江	
	辽河一级区		
10	辽河流域	辽河	以西辽河为主源，由西辽河和原辽河干流组成
11		乌力吉木仁河	
12		老哈河	
13		东辽河	
14		绕阳河	
15		浑河	又称浑太河，以浑河为主源，含大辽河
	东北沿黄渤海诸河		
16		大凌河	
	海河一级区		
17	滦河水系	滦河	
	北三河水系		
18		潮白河	密云水库以下，不含潮白新河
19		潮白新河	
20	永定河水系	永定河	
21		洋河	

168

序号	水资源区或流域	主要河流	备　注
	大清河水系		
22		唐河	
23		拒马河	
	子牙河水系		
24		滹沱河	
25		滏阳河	
	漳卫河水系		
26		漳河	
27		卫河	
28	黄河一级区	黄河	
29	洮河水系	洮河	
30	湟水-大通河水系	湟水-大通河	以大通河为主源，含湟水与大通河汇入口以下河段
31		湟水	为大通河交汇口以上段
32	无定河水系	无定河	
33	汾河水系	汾河	
34	渭河水系	渭河	
35		泾河	
36		北洛河	
37	伊洛河水系	伊洛河	
38	沁河水系	沁河	
39	大汶河水系	大汶河	
	淮河一级区		
40	淮河干流洪泽湖以上流域	淮河干流洪泽湖以上段	
41		洪汝河	
42		史河	
43		淠河	
44		沙颍河	
45		茨淮新河	
46		涡河	
47		怀洪新河	
	淮河洪泽湖以下水系		

序号	水资源区或流域	主要河流	备　注
48		淮河入海水道	干流
49		淮河（下游入江水道）	干流
	沂沭泗水系		
50		沂河	
51		沭河	
52	长江一级区	长江	长江干流包含金沙江、通天河、沱沱河
53	雅砻江水系	雅砻江	
54	岷江-大渡河水系	岷江-大渡河	以大渡河为主源，含原岷江干流段
55		岷江	
56	嘉陵江水系	嘉陵江	
57		渠江	
58		涪江	
59	乌江-六冲河水系	乌江-六冲河	以六冲河为主源
60	汉江水系	汉江	
61		丹江	
62		唐白河	
	洞庭湖水系		
63		湘江	
64		资水	
65		沅江	
	鄱阳湖水系		
66		赣江	
67		抚河	
68		信江	
	太湖水系		
	东南诸河区		
69	钱塘江水系	钱塘江	
70		新安江	
71	瓯江水系	瓯江	
72	闽江水系	闽江	

续表

序号	水资源区或流域	主要河流	备　注
73		富屯溪-金溪	
74		建溪	
75	九龙江水系	九龙江	
	珠江一级区		
76	西江水系	西江	以南盘江为主源
77		北盘江	
78		柳江	
79		郁江	
80		桂江	
81		贺江	
82	北江水系	北江	
83	东江水系	东江	
	珠江三角洲水系		
84	韩江水系	韩江	
	海南岛诸河水系		
85		南渡江	
	西北诸河区		
86	石羊河	石羊河	
87	黑河	黑河	
88	疏勒河	疏勒河	
89	柴达木河	柴达木河	
90	格尔木河	格尔木河	
91	奎屯河	奎屯河	
92	玛纳斯河	玛纳斯河	
93	孔雀河	孔雀河	
94	开都河	开都河	
95	塔里木河	塔里木河	
96		木扎尔特河-渭干河	
97		和田河	

注　本次河湖基本情况普查中将大通河作为湟水主源，称为湟水-大通河，而湟水为其支流；将大渡河作为岷江主源，称为岷江-大通河，而岷江为其支流。

附表 D2 省级行政区河湖取水口数量统计

省级行政区	总数量/个				规模以上数量/个			规模以下数量/个
	小计	不同取水水源			小计	不同取水方式		
		河流	湖泊	水库		自流	抽提	
全国	638816	539912	7456	91448	121796	61507	60289	517020
东部地区	248216	225629	1246	21341	57982	16017	41965	190234
中部地区	166124	119241	5758	41125	38691	25263	13428	127433
西部地区	224476	195042	452	28982	25123	20227	4896	199353
北京	343	268	4	71	165	143	22	178
天津	1996	1943	0	53	1619	464	1155	377
河北	3636	2948	19	669	1537	1039	498	2099
山西	2614	2323	1	290	807	454	353	1807
内蒙古	1469	1161	5	303	942	739	203	527
辽宁	3329	2889	2	438	1413	812	601	1916
吉林	6855	5722	0	1133	1356	1047	309	5499
黑龙江	3229	2624	21	584	1318	890	428	1911
上海	6715	6715	0	0	5162	0	5162	1553
江苏	61356	59615	596	1145	24118	2346	21772	37238
浙江	58841	54642	523	3676	10000	1941	8059	48841
安徽	21938	16573	800	4565	7271	4128	3143	14667
福建	52377	49892	13	2472	2041	1664	377	50336
江西	32538	21823	309	10406	5244	3585	1659	27294
山东	11045	6856	89	4100	4689	2392	2297	6356
河南	7040	4921	2	2117	1862	1106	756	5178
湖北	28352	17005	3956	7391	10016	5746	4270	18336
湖南	63558	48250	669	14639	10817	8307	2510	52741
广东	45271	37733	0	7538	6514	4628	1886	38757
广西	48181	43600	0	4581	4277	3187	1090	43904
海南	3307	2128	0	1179	724	588	136	2583
重庆	16828	12187	0	4641	1960	1221	739	14868
四川	35934	27513	31	8390	3913	2944	969	32021
贵州	28154	25938	0	2216	1299	837	462	26855
云南	70520	62721	382	7417	8021	7316	705	62499
西藏	5776	5647	9	120	444	430	14	5332
陕西	8950	8247	1	702	897	674	223	8053
甘肃	3125	2918	0	207	887	645	242	2238
青海	3034	2925	21	88	603	512	91	2431
宁夏	412	306	1	105	183	126	57	229
新疆	2093	1879	2	212	1697	1596	101	396

附表 D3　　　　　　省级行政区河湖取水口 2011 年取水量统计

省级行政区	总取水量/亿 m³				规模以上取水量/亿 m³				规模以下取水量/亿 m³
	小计	不同取水水源			小计	不同取水方式			
		河流	湖泊	水库		自流	抽提		
全国	4551.03	3445.23	71.61	1034.19	3923.41	2543.02	1380.39		627.62
东部地区	1651.76	1290.91	29.05	331.80	1406.39	644.75	761.64		245.37
中部地区	1348.43	933.94	34.32	380.17	1177.72	730.22	447.50		170.72
西部地区	1550.83	1220.37	8.23	322.23	1339.30	1168.05	171.25		211.53
北京	8.15	3.87	0.47	3.80	8.11	7.89	0.22		0.03
天津	10.59	10.44	0	0.15	9.49	4.07	5.42		1.10
河北	44.56	19.78	0	24.78	43.23	38.89	4.34		1.33
山西	33.94	22.18	0	11.76	32.16	19.64	12.52		1.79
内蒙古	109.79	105.98	0.70	3.11	109.17	94.96	14.21		0.62
辽宁	75.48	55.37	0.05	20.07	71.77	43.98	27.79		3.71
吉林	85.18	64.45	0	20.72	78.21	35.80	42.41		6.97
黑龙江	154.12	123.65	3.79	26.68	142.82	97.47	45.35		11.31
上海	118.96	118.96	0	0	118.14	0	118.14		0.82
江苏	444.38	409.16	26.83	8.39	418.53	101.55	316.98		25.85
浙江	171.16	110.72	0.35	60.10	128.38	63.39	64.99		42.78
安徽	195.25	159.02	7.70	28.53	183.19	95.67	87.52		12.06
福建	183.80	145.20	0.56	38.04	104.83	66.47	38.36		78.98
江西	242.63	141.63	4.04	96.96	176.91	126.12	50.79		65.72
山东	128.49	105.71	0.79	21.99	125.81	103.95	21.86		2.69
河南	105.85	79.63	0.01	26.21	102.99	84.20	18.79		2.85
湖北	261.30	180.75	12.14	68.40	244.13	138.22	105.91		17.16
湖南	270.17	162.63	6.65	100.90	217.30	133.10	84.20		52.87
广东	427.71	303.43	0	124.28	344.85	185.56	159.29		82.86
广西	259.07	165.98	0	93.10	170.38	125.39	44.99		88.69
海南	38.48	8.28	0	30.20	33.26	29.00	4.26		5.22
重庆	61.17	45.08	0	16.10	51.37	15.46	35.91		9.80
四川	191.36	161.54	0.45	29.38	165.87	145.07	20.80		25.49
贵州	48.74	31.54	0	17.20	23.72	15.60	8.12		25.02
云南	116.28	70.81	4.37	41.10	77.57	69.02	8.55		38.70
西藏	22.51	21.08	0.10	1.34	12.05	11.82	0.23		10.46
陕西	48.57	28.66	0	19.90	43.17	34.47	8.70		5.40
甘肃	96.00	67.93	0	28.07	93.30	76.40	16.90		2.70
青海	26.30	19.36	2.52	4.41	23.86	20.91	2.95		2.44
宁夏	68.02	23.68	0.09	44.24	67.91	60.89	7.02		0.11
新疆	503.02	478.73		24.29	500.93	498.05	2.88		2.09

附表 D4　省级行政区不同规模取水口数量和取水量统计

省级行政区	W≥5000 万 m³ 数量/个	W≥5000 万 m³ 2011 年取水量/亿 m³	1000≤W<5000 万 m³ 数量/个	1000≤W<5000 万 m³ 2011 年取水量/亿 m³	100≤W<1000 万 m³ 数量/个	100≤W<1000 万 m³ 2011 年取水量/亿 m³	15≤W<100 万 m³ 数量/个	15≤W<100 万 m³ 2011 年取水量/亿 m³	W<15 万 m³ 数量/个	W<15 万 m³ 2011 年取水量/亿 m³
全国	1141	2181.40	3805	794.38	29715	786.54	162519	556.27	441636	232.43
北京	4	5.56	7	1.62	23	0.86	18	0.08	291	0.03
天津		0.00	17	2.63	213	6.10	379	1.62	1387	0.25
河北	18	26.75	48	10.31	145	4.96	507	1.94	2918	0.59
山西	11	14.11	43	9.49	218	7.08	663	2.67	1679	0.60
内蒙古	22	86.02	61	14.22	247	7.91	313	1.39	826	0.25
辽宁	30	36.97	92	20.38	438	11.71	1370	5.59	1399	0.84
吉林	30	40.77	99	22.00	504	13.30	1905	7.13	4317	1.97
黑龙江	55	73.23	211	45.44	1124	30.24	959	4.63	880	0.58
上海	26	101.60	21	4.56	72	1.63	3036	8.71	3560	2.46
江苏	129	257.89	237	50.08	2425	53.77	16453	59.13	42112	23.50
浙江	42	50.62	143	33.72	1032	27.60	11979	34.99	45645	24.23
安徽	34	93.67	167	33.07	1443	40.16	5957	21.18	14337	7.18
福建	24	47.70	144	29.48	1451	32.68	15456	50.99	35302	22.95
江西	39	65.47	238	47.61	2553	65.46	15415	52.35	14293	11.73
山东	41	78.76	98	22.63	626	17.98	1643	6.37	8637	2.75

续表

省级行政区	W≥5000 万 m³		1000≤W<5000 万 m³		100≤W<1000 万 m³		15≤W<100 万 m³		W<15 万 m³	
	数量/个	2011 年取水量/亿 m³	数量/个	2011 年取水量/亿 m³	数量/个	2011 年取水量/亿 m³	数量/个	2011 年取水量/亿 m³	数量/个	2011 年取水量/亿 m³
河南	38	66.93	96	20.67	343	12.40	1100	3.75	5463	2.10
湖北	61	116.49	256	50.97	2036	58.57	7192	25.11	18807	10.16
湖南	48	83.48	227	42.59	2507	68.21	15458	48.66	45318	27.24
广东	103	167.12	435	91.45	3713	92.68	16464	59.91	24556	16.55
广西	48	66.74	223	44.83	2756	67.85	17438	61.47	27716	18.18
海南	11	12.95	53	10.16	359	9.54	1198	4.76	1686	1.07
重庆	12	19.18	60	12.66	465	14.45	2636	9.23	13655	5.66
四川	48	102.76	147	29.36	1060	29.54	5242	17.15	29437	12.56
贵州	2	1.52	41	8.79	533	12.60	4376	14.04	23202	11.79
云南	6	6.34	112	19.36	1501	36.45	10020	33.36	58881	20.76
西藏	1	2.40	24	3.60	298	7.23	2079	7.41	3374	1.88
陕西	18	26.03	44	8.50	249	7.30	1223	4.17	7416	2.56
甘肃	40	62.43	73	15.75	405	14.01	717	2.93	1890	0.88
青海	10	8.69	47	9.18	180	5.03	718	2.49	2079	0.91
宁夏	11	64.57	9	1.49	42	1.64	54	0.24	296	0.08
新疆	179	394.66	332	77.76	754	27.60	551	2.86	277	0.14

注 W 代表年取水量。

附录 D 附表

附表 D5　主要河流取水口数量与取水量统计

序号	水资源一级区及流域水系	主要河流	干流取水成果		流域水系取水成果		干流取水量占流域取水量比例/%	备注
			取水口数量/个	2011年取水量/亿m³	取水口数量/个	2011年取水量/亿m³		
	松花江一级区							
	松花江流域				8900	247.52		
1		松花江	225	52.93	7766	209.15	25.3	以嫩江为主源
2		洮儿河	29	7.85	42	8.50	92.4	
3		霍林河	14	2.17	14	2.17	100	
4		雅鲁河	11	2.45	30	2.78	88.3	
5		诺敏河	8	8.22	18	8.76	93.8	
6		第二松花江	183	27.27	4194	50.71	53.8	
7		呼兰河	178	4.49	639	12.86	34.9	
8		拉林河	174	7.90	770	18.49	42.7	
9		牡丹江	244	4.95	596	11.55	42.9	
	辽河一级区							
	辽河流域				5386	93.28		含浑太河水系
10		辽河	45	7.81	2352	62.58	12.5	
11		乌力吉木仁河	32	1.23	125	1.93	63.5	
12		老哈河	85	1.21	361	2.81	42.9	
13		东辽河	56	2.85	165	3.39	84.1	
14		绕阳河	12	0.95	25	0.99	96.4	
15		浑河	86	24.26	1051	37.56	64.6	以浑河为主源，含大辽河
	东北沿黄渤海诸河				1091	18.63		

176

续表

序号	水资源一级区及流域水系	主要河流	干流取水成果		流域水系取水成果		干流取水量占流域取水量比例/%	备注
			取水口数量/个	2011年取水量/亿 m³	取水口数量/个	2011年取水量/亿 m³		
16	海河一级区	大凌河	25	2.84	113	3.05	93.4	
17	滦河水系	滦河	167	9.71	8638	86.66	0	
	北三河水系				800	14.18	68.5	
18		潮白河	55	4.41	1801	16.65	92.2	密云水库以下，不含潮白新河
19		潮白新河	43	1.10	362	4.78		
20	永定河水系	永定河	149	3.18	666	6.52	48.7	
21		洋河	37	1.18	249	1.84	64.4	
	大清河水系				1613	8.90		
22		唐河	107	1.70	233	1.74	97.9	
23		拒马河	12	1.64	19	1.65	99.3	
	子牙河水系				1481	12.90		
24		滹沱河	226	7.14	1114	11.13	64.2	
25		滏阳河	123	0.05	177	0.21	23.2	
	漳卫河水系				1139	18.62		
26		漳河	77	3.16	329	9.73	32.5	
27		卫河	209	1.57	599	4.99	31.5	

续表

序号	水资源一级区及流域水系	主要河流	干流取水成果		流域水系取水成果		干流取水量占流域取水量比例/%	备注
			取水口数量/个	2011年取水量/亿m³	取水口数量/个	2011年取水量/亿m³		
28	徒骇马颊河水系				911	5.41	0	
29	黄河一级区		1628	288.68	13440	375.36	76.9	
30	洮河水系		90	2.41	234	3.69	65.3	
31	湟水-大通河水系		77	3.47	1369	11.28	30.7	以大通河为主源，含湟水汇入口以下河段
		湟水	145	3.37	1224	7.14	47.3	为大通河交汇口以上段
32	无定河水系		143	0.69	1180	2.13	32.1	
33	汾河水系		264	8.45	849	12.35	68.4	
34	渭河水系		127	6.80	2442	26.41	25.7	
35		泾河	85	4.14	832	5.61	73.7	
36		北洛河	154	0.48	442	1.44	33.5	
37	伊洛河水系		50	1.72	491	5.83	29.4	
38	沁河水系		76	3.13	171	5.36	58.4	
39	大汶河水系		363	2.50	1280	4.52	55.4	
40	淮河一级区				39446	337.03		
	淮河干流洪泽湖以上流域		395	18.07	8587	118.89	15.2	
41		洪汝河	119	0.91	284	1.77	51.3	

续表

序号	水资源一级区及流域水系	主要河流	干流取水成果		流域水系取水成果		干流取水量占流域取水量比例/%	备注
			取水口数量/个	2011年取水量/亿m³	取水口数量/个	2011年取水量/亿m³		
42		史河	74	9.35	317	12.90	72.5	
43		淠河	136	20.84	551	21.21	98.3	
44		沙颍河	50	6.75	627	13.41	50.3	
45		茨淮新河	95	4.73	197	5.81	81.3	
46		涡河	67	1.56	94	1.75	89.3	
47		怀洪新河	134	1.76	253	2.61	67.3	
	淮河洪泽湖以下水系				17115	100.47		
48		淮河入海水道	18	0.03				干流
49		淮河（下游入江水道）	20	0.42				干流
	沂沭泗水系				10171	101.27		
50		沂河	196	3.38	1146	6.51	51.9	
51		沭河	249	2.55	775	4.02	63.3	
52	长江一级区		6877	393.98	308464	1673.58	23.5	
53	雅砻江水系		421	0.99	3585	17.62	5.6	
54	岷江-大渡河水系		809	4.85	8230	65.77	7.4	以大渡河为主源，含原岷江干流段
55		岷江	360	25.15	2025	42.02	59.9	
56	嘉陵江水系		1161	8.63	15510	42.93	20.1	

179

续表

序号	水资源一级区及流域水系	主要河流	干流取水成果		流域水系取水成果		干流取水量占流域取水量比例/%	备注
			取水口数量/个	2011年取水量/亿m³	取水口数量/个	2011年取水量/亿m³		
57		渠江	527	1.33	3228	6.85	19.4	
58		涪江	584	10.02	6198	21.52	46.5	
59	乌江-六冲河水系		824	1.83	13920	27.38	6.7	以六冲河为主源
60	汉江水系	丹江	1206	59.59	14337	133.56	44.6	
61		唐白河	91	16.28	743	17.28	94.2	
62			314	1.55	2570	10.68	14.5	
	洞庭湖水系				73758	294.41		
63		湘江	2089	39.62	32933	148.32	26.7	
64		资水	2163	14.01	11227	34.36	40.8	
65		沅江	1292	3.89	19271	39.17	9.9	
	鄱阳湖水系				31364	227.64		
66		赣江	999	24.67	15509	113.41	21.8	
67		抚河	941	18.74	5188	34.14	54.9	
68		信江	629	6.10	2720	24.01	25.4	
	太湖水系				40275	260.06		
	东南诸河水系				82381	296.59		
69	钱塘江水系		1113	23.69	17035	75.07	31.6	
70		新安江	236	1.71	1693	4.25	40.3	

续表

序号	水资源一级区及流域水系	主要河流	干流取水成果		流域水系取水成果		干流取水量占流域取水量比例/%	备注
			取水口数量/个	2011年取水量/亿 m³	取水口数量/个	2011年取水量/亿 m³		
71	瓯江水系		782	1.52	5990	8.40	18.1	
72	闽江水系		2010	29.36	26164	83.89	35	
73		富屯溪—金溪	862	1.40	6148	12.77	11	
74		建溪	900	2.71	6310	16.47	16.4	
75	九龙江水系		523	5.63	4643	17.45	32.2	
	珠江一级区				121873	770.03		
76	西江水系		3290	20.64	62410	274.75	7.5	
77		北盘江	466	2.07	3022	7.56	27.4	
78		柳江	1035	6.78	12075	37.41	18.1	
79		郁江	1415	18.42	10334	69.73	26.4	
80		桂江	702	4.80	4112	31.32	15.3	
81		贺江	408	5.27	2130	12.74	41.3	
82	北江水系		838	6.07	10503	51.87	11.7	
83	东江水系		1612	36.58	11740	64.81	56.4	
	珠江三角洲水系				4884	158.36		
84	韩江水系		820	4.19	12183	35.05	12	
	海南岛诸河水系				3307	38.48		

续表

序号	水资源一级区及流域域水系	主要河流	干流取水成果 取水口数量/个	干流取水成果 2011年取水量/亿m³	流域水系取水成果 取水口数量/个	流域水系取水成果 2011年取水量/亿m³	干流取水量占流域取水量比例/%	备注
85		南渡江	249	8.12	603	11.30	71.9	
	西北诸河区				3118	585.38		
86		石羊河	7	3.36	72	11.85	28.3	
87		黑河	68	16.13	320	36.09	44.7	
88		疏勒河	5	9.29	17	13.01	71.4	
89		柴达木河	14	1.69	55	3.35	50.4	
90		格尔木河	6	1.98	6	1.98	100	
91		奎屯河	1	0.23	18	6.96	3.2	
92		玛纳斯河	12	11.99	15	12.13	98.9	
93		孔雀河	18	12.15	18	12.15	100	
94		开都河	31	9.19	35	10.51	87.4	
95		塔里木河	143	77.50	489	277.38	27.9	
96		木扎尔特河-渭干河	12	32.21	26	39.17	82.2	
97		和田河	22	17.36	65	27.99	62	
	合 计		46254	1593.64				

注 1. 本次河湖基本情况普查将潮白新河、淮河入海水道、淮河（下游入江水道）作为干流河段处理，故仅汇总干流取水成果。
2. 本次河湖基本情况普查中将大通河大主源，称为湟水大主源，而湟水为其支流；将大渡河作为岷江主源，称为岷江-大渡河，而岷江为其支流。

附表 D6　省级行政区规模以上取水口取水计量比例统计

省级行政区	取水计量数量比例/%						取水计量水量比例/%					
	总体比例	不同水源			不同用途		总体比例	不同水源			不同用途	
		河流	湖泊	水库	农业	非农业		河流	湖泊	水库	农业	非农业
全国	21.4	21.0	19.9	22.5	14.7	57.7	58.6	61.8	38.2	49.8	49.8	76.3
北京	32.7	34.3	100	25.0	23.1	68.6	74.6	47.4	100	99.0	95.6	72.0
天津	37.7	36.7	—	69.8	35.8	85.5	58.0	57.3	—	99.7	57.9	60.7
河北	30.3	27.3	0.0	44.1	27.2	53.9	72.8	58.8	—	83.3	64.2	89.6
山西	32.0	24.7	0.0	59.1	24.7	67.6	66.6	58.0	0.0	82.0	60.4	91.9
内蒙古	26.2	25.5	60.0	27.8	21.9	66.7	80.8	82.2	0.0	48.5	82.7	68.4
辽宁	31.3	33.0	0.0	25.2	25.1	58.7	59.9	61.6	0.0	55.6	58.0	64.2
吉林	16.8	18.3	—	15.0	7.3	64.3	60.8	60.0	—	63.1	47.0	79.4
黑龙江	33.7	36.1	50.0	27.7	31.0	58.6	44.6	42.6	25.9	55.6	46.4	35.2
上海	4.3	4.3	—	—	0.0	99.5	91.0	91.0	—	—	0.0	100
江苏	16.9	16.3	28.1	22.9	13.1	79.2	57.7	58.3	55.0	37.9	17.5	92.5
浙江	20.2	17.7	5.1	38.8	7.7	71.9	59.4	55.8	57.2	64.1	28.0	81.3
安徽	19.7	17.9	16.7	24.5	14.2	53.8	49.4	49.0	29.4	57.8	36.1	72.6
福建	25.9	26.1	7.7	25.8	7.4	37.8	43.2	47.6	0.5	34.2	15.2	58.8
江西	12.3	15.4	4.8	10.0	6.9	45.1	23.0	24.4	9.9	21.8	16.0	42.3
山东	40.0	50.0	97.8	22.7	36.6	73.1	87.9	90.4	100	74.8	88.2	86.3

续表

省级行政区	取水计量数量比例/%						取水计量水量比例/%					
	总体比例	不同水源			不同用途		总体比例	不同水源			不同用途	
		河流	湖泊	水库	农业	非农业		河流	湖泊	水库	农业	非农业
河南	20.8	16.2	0.0	26.5	16.7	50.2	54.6	59.9	0.0	38.3	52.9	63.5
湖北	25.0	25.4	16.4	27.2	20.8	57.9	54.6	55.2	27.0	57.6	40.3	78.0
湖南	14.0	13.1	15.9	14.9	9.8	42.9	32.6	30.3	15.5	37.1	24.2	45.4
广东	27.6	29.3	—	25.0	11.8	71.9	53.3	62.5	—	31.5	20.7	85.7
广西	17.4	21.8	—	11.7	6.5	57.0	33.1	38.5	—	27.4	22.5	59.2
海南	14.9	15.7	—	14.6	9.7	44.4	41.4	14.6	—	46.5	36.1	67.7
重庆	32.9	38.7	—	27.1	8.0	47.8	62.9	70.8	—	36.8	10.8	71.2
四川	24.5	28.0	0.0	19.6	10.1	53.0	45.4	48.0	0.0	30.5	38.2	74.0
贵州	33.1	37.2	—	28.2	13.8	48.0	43.9	47.1	—	41.7	16.6	64.8
云南	16.2	12.6	28.5	20.9	11.5	44.8	31.4	17.7	54.4	42.2	20.0	67.4
西藏	17.8	16.8	11.1	37.5	18.1	12.5	31.0	26.0	6.3	78.1	31.3	21.4
陕西	31.9	29.6	—	35.7	19.6	59.9	70.2	73.5	—	66.1	64.3	89.9
甘肃	48.5	48.5	—	48.1	45.1	61.8	86.8	84.5	—	92.2	85.9	94.2
青海	33.8	29.8	52.9	67.9	28.3	43.6	41.9	33.8	18.9	87.2	43.0	36.2
宁夏	48.1	56.7	100	37.6	41.8	73.0	98.8	96.8	100	99.9	98.9	96.1
新疆	59.2	58.5	100	64.1	58.8	61.8	86.2	86.0	100	90.4	87.1	47.4

附表 D7　　　省级行政区地表水水源地数量与供水量统计

省级行政区	水源地数量/处				2011年供水量/亿 m³			
	总数	供水水源			总量	供水水源		
		河流	湖泊	水库		河流	湖泊	水库
全国	11656	7104	169	4383	595.78	338.08	18.84	238.86
北京	11	3	0	8	7.19	1.52	0.00	5.67
天津	3	0	0	3	12.16	0.00	0.00	12.16
河北	27	8	1	18	21.10	0.29	0.00	20.82
山西	76	49	0	27	3.81	1.15	0.00	2.66
内蒙古	32	26	0	6	2.08	1.97	0.00	0.11
辽宁	84	35	0	49	15.05	1.99	0.00	13.06
吉林	109	65	0	44	9.55	2.80	0.00	6.75
黑龙江	67	38	0	29	7.66	1.58	0.00	6.08
上海	3	3	0	0	26.46	26.46	0.00	0.00
江苏	271	180	25	66	53.57	36.65	14.86	2.06
浙江	531	164	1	366	55.48	19.01	0.09	36.39
安徽	816	561	75	180	17.41	10.93	0.66	5.82
福建	723	445	1	277	25.17	12.54	0.52	12.11
江西	590	465	17	108	16.01	12.79	0.51	2.71
山东	277	48	0	229	17.66	3.82	0.00	13.84
河南	124	33	2	89	12.70	5.13	1.37	6.20
湖北	805	473	27	305	31.52	24.73	0.30	6.49
湖南	740	433	3	304	33.24	22.33	0.03	10.88
广东	1035	507	0	528	132.67	94.98	0.00	37.69
广西	509	346	0	163	14.92	11.93	0.00	2.99
海南	77	39	0	38	5.26	2.30	0.00	2.96
重庆	777	427	0	350	18.25	13.35	0.00	4.90
四川	1472	1013	3	456	21.07	17.12	0.04	3.91
贵州	844	611	1	232	9.51	3.17	0.00	6.34
云南	839	482	12	345	9.98	2.54	0.43	7.00
西藏	56	54	1	1	0.18	0.14	0.04	0.00
陕西	333	256	0	77	7.63	1.83	0.00	5.80
甘肃	171	135	0	36	3.24	2.55	0.00	0.69
青海	96	86	0	10	0.49	0.38	0.00	0.11
宁夏	26	16	0	10	0.22	0.04	0.00	0.18
新疆	132	103	0	29	4.54	2.07	0.00	2.47

附表 D8　　　　　　　　**省级行政区河流治理及达标情况**

省级行政区	有防洪任务河段		已治理河段		治理达标河段	
	长度/km	占总河长比例/%	长度/km	已治理①比例/%	长度/km	治理达标比例/%
全国	373933	33.5	123407	33.0	64479	52.2
北京	2418	85.0	908	37.6	713	78.4
天津	1159	67.6	865	74.7	367	42.4
河北	17959	67.2	7592	42.3	1965	25.9
山西	9716	45.8	3237	33.3	1808	55.8
内蒙古	18231	16.1	4011	22.0	2081	51.9
辽宁	13181	61.1	6242	47.4	3887	62.3
吉林	13931	54.9	5227	37.5	2701	51.7
黑龙江	20340	31.1	7964	39.2	2865	36.0
上海	681	99.7	517	75.9	498	96.4
江苏	15831	72.3	10184	64.3	8041	79.0
浙江	10603	64.7	4980	47.0	3282	65.9
安徽	14030	63.8	7814	55.7	3158	40.4
福建	7247	40.1	1599	22.1	1011	63.3
江西	17749	64.1	2764	15.6	1499	54.2
山东	18259	77.2	9481	51.9	5169	54.5
河南	18335	59.5	8675	47.3	4391	50.6
湖北	20392	60.6	10553	51.7	2372	22.5
湖南	22222	57.0	5215	23.5	2090	40.1
广东	18373	71.1	6392	34.8	3752	58.7
广西	12178	34.6	1044	8.6	788	75.5
海南	533	12.1	173	32.4	155	89.6
重庆	3551	27.9	593	16.7	297	50.1
四川	17612	25.0	2965	16.8	1875	63.2
贵州	6537	25.7	807	12.3	639	79.2
云南	12757	26.4	2978	23.3	1889	63.4
西藏	10323	7.8	633	6.1	427	67.5
陕西	10841	36.9	3947	36.4	2565	65.0
甘肃	18248	43.5	2314	12.7	1633	70.6
青海	4455	5.4	419	9.4	354	84.5
宁夏	2855	44.0	767	26.9	683	88.9
新疆	13387	11.9	2547	19.0	1525	59.9

① 已治理比例＝已治理河段长度/有防洪任务河段长度×100%；治理达标比例＝治理达标河段长度/已治理河段长度×100%。

附表 D9

主要河流治理及达标情况

序号	水资源区或流域	主要河流	干流治理情况						流域治理情况						备 注
			有防洪任务河段		已治理河段		治理达标河段		有防洪任务河段		已治理河段		治理达标河段		
			长度/km	占总河长比例/%	长度/km	已治理比例/%	长度/km	治理达标比例/%	长度/km	占总河长比例/%	长度/km	已治理比例/%	长度/km	治理达标比例/%	
	松花江一级区		—	—	—	—	—	—	36134	27.1	13447	37.2	6107	45.4	
1	松花江流域	松花江	1405	61.7	1187	84.5	859	72.4	22609	31.7	7989	35.3	3657	45.8	以嫩江为主源
2		洮儿河	495	83.2	334	67.5	56	16.8	1640	36.3	678	41.4	131	19.3	
3		霍林河	426	60.3	163	38.4	120	73.4	1037	36.2	242	23.3	120	49.7	
4		雅鲁河	287	74.2	219	76.4	105	47.7	614	20	360	58.6	199	55.4	
5		诺敏河	144	28.9	83	57.7	53	64.1	455	10.7	114	25	84	73.8	
6		第二松花江	739	83.8	384	52	369	96.1	5560	49.1	2013	36.2	1214	60.3	
7		呼兰河	334	73.4	198	59.4	47	23.6	2089	41.9	886	42.4	142	16	
8		拉林河	205	52.6	178	87.0	6	3.1	1233	39.7	530	42.9	44	8.4	
9		牡丹江	476	68.7	93	19.4	74	80.3	2271	37.7	239	10.5	131	54.8	
	辽河一级区		—	—	—	—	—	—	22788	51.2	9049	39.7	4747	52.5	含浑太河水系
10	辽河流域	辽河	1078	77.9	918	85.2	495	53.9	11853	45.2	4259	35.9	1930	45.3	
11		乌力吉木仁河	601	88.4	360	59.9	138	38.4	2897	47.8	790	27.3	222	28.1	
12		老哈河	448	99.3	143	31.8	43	30.1	1263	33.3	460	36.4	133	28.9	
13		东辽河	368	97.7	300	81.4	145	48.3	1031	58.2	393	38.1	180	45.8	
14		绕阳河	302	92.6	199	66	160	80.1	1337	72.5	766	57.3	342	44.7	
15		浑河	485	98	318	65.6	297	93.4	2091	55.2	1352	64.6	932	69	以浑河为主源,含大辽河

续表

序号	水资源区或流域	主要河流	干流治理情况 有防洪任务河段 长度/km	占总河长比例/%	已治理河段 长度/km	已治理比例/%	治理达标河段 长度/km	治理达标比例/%	流域治理情况 有防洪任务河段 长度/km	占总河长比例/%	已治理河段 长度/km	已治理比例/%	治理达标河段 长度/km	治理达标比例/%	备注
	东北沿黄渤海诸河		—	—	—	—	—	—	7874	62.7	3867	49.1	2411	62.3	
16		大凌河	431	95.1	112	25.9	23	20.4	2400	73.4	505	21	209	41.4	
	海河一级区		—	—	—	—	—	—	31368	65.3	14451	46.1	4648	32.2	
17	滦河水系	滦河	638	64.1	257	40.3	98	38.1	3876	58.3	1431	36.9	327	22.8	
	北三河水系		—	—	—	—	—	—	3959	71.1	1912	48.3	897	46.9	
18		潮白河	392	94.7	159	40.6	119	75	1867	65.7	798	42.7	441	55.3	密云水库以下，不含潮白新河
19		潮白新河	100	100	100	100	23	23.3							
20	永定河水系	永定河	715	82.3	361	50.5	160	44.3	3697	56.8	1068	28.9	502	46.9	
21		洋河	252	94.4	118	46.7	96	82	1250	61.6	329	26.3	186	56.5	
	大清河水系		—	—	—	—	—	—	3476	61	1186	34.1	296	25	
22		唐河	276	78.0	116	42.1	0	0	548	58.8	228	41.6	0	0	
23		拒马河	238	100	6	2.5	3	48.3	402	48.9	20	5.1	14	68	
	子牙河水系		—	—	—	—	—	—	4782	69.7	1873	39.2	828	44.2	
24		滹沱河	499	81.1	278	55.8	181	65	2120	64.9	763	36	386	50.6	
25		滏阳河	436	96.9	198	45.5	55	27.9	656	75.3	298	45.4	89	29.8	

续表

序号	水资源区或流域	主要河流	干流治理情况						流域治理情况						备注
			有防洪任务河段		已治理河段		治理达标河段		有防洪任务河段		已治理河段		治理达标河段		
			长度/km	占总河长比例/%	长度/km	已治理比例/%	长度/km	治理达标比例/%	长度/km	占总河长比例/%	长度/km	已治理比例/%	长度/km	治理达标比例/%	
	漳卫河水系		—	—	—	—	—	—	4026	59	2191	54.4	643	29.3	
26		漳河	329	74.8	216	65.6	74	34.3	1411	53.6	587	41.6	269	45.8	
27		卫河	343	83.5	237	69.0	56	23.6	1357	50.7	548	40.4	203	37.1	
	徒骇马颊河水系		—	—	—	—	—	—	3736	78.4	2669	71.4	574	21.5	
28	黄河一级区	黄河	3024	53.2	1818	60.1	1408	77.4	36660	32.5	9526	26	6619	69.5	
29	洮河水系	洮河	282	40.3	24	8.5	15	63.7	1069	29.2	185	17.3	133	72	
30	湟水-大通河水系	湟水	299	46.5	3	0.9	3	100	1308	28.6	130	9.9	128	98.7	以大通河为主源，含湟水与大通河汇入口以下段
31			217	72.3	64	29.5	62	97.5	883	38.8	127	14.4	125	98.7	为大通河交汇口以上段
32	无定河水系		300	62.9	47	15.8	40	83.6	789	23	204	25.9	89	43.4	
33	汾河水系	汾河	630	88.4	496	78.7	338	68.1	2465	44.6	1083	43.9	684	63.2	
34	渭河水系	渭河	830	100	439	52.9	358	81.5	8906	43.4	1728	19.4	1412	81.7	
35		泾河	241	52.3	100	41.6	80	80.1	2529	37.1	279	11	235	84.3	
36		北洛河	235	33	66	28.1	35	52.7	760	17.4	141	18.5	105	74.3	

续表

序号	水资源区或流域	主要河流	干流治理情况						流域治理情况						备注
			有防洪任务河段		已治理河段		治理达标河段		有防洪任务河段		已治理河段		治理达标河段		
			长度/km	占总河长比例/%	长度/km	已治理比例/%	长度/km	治理达标比例/%	长度/km	占总河长比例/%	长度/km	已治理比例/%	长度/km	治理达标比例/%	
37		伊洛河水系	450	85.8	162	36	103	63.6	1518	50.3	483	31.8	347	71.9	
38		沁河水系	224	45.3	77	34.3	46	60.4	993	41.7	377	37.9	232	61.5	
39		大汶河水系	220	95.4	177	80.3	101	56.7	1072	89.6	399	37.2	227	57	
	淮河一级区		—	—	—	—	—	—	40135	67.8	21006	52.3	13139	62.6	
40	淮河干流洪泽湖以上流域		957	94	502	52.5	337	67.1	18402	67	10020	54.5	5133	51.2	
41		洪汝河	232	73.7	206	89.1	108	52.2	1266	65.2	844	66.7	421	49.8	
42		史河	227	90.8	58	25.6	43	74	1039	85.2	203	19.6	142	69.9	
43		淠河	234	87.5	208	88.8	37	18	756	71.2	263	34.8	45	17	
44		沙颍河	516	84.2	516	100	364	70.5	3926	56.3	2449	62.4	1495	61	
45		茨淮新河	131	100	131	100	131	100	660	75.4	575	87.1	454	78.9	
46		涡河	411	100	378	92.0	358	94.7	2973	88.5	1386	46.6	814	58.7	
47		怀洪新河	125	100	123	98.4	122	98.9	1221	77.3	756	62	243	32.1	
	淮河洪泽湖以下水系		—	—	—	—	—	—	4057	65.3	1666	41.1	1389	83.4	
48		淮河入海水道	162	100	162	100	162	100	162	100	162	100	162	100	干流
49		淮河（下游入江水道）	52	100	31	60.2	31	100	52	100	31	60.2	31	100	干流

续表

序号	水资源区或流域	主要河流	干流治理情况						流域治理情况						备注
			有防洪任务河段		已治理河段		治理达标河段		有防洪任务河段		已治理河段		治理达标河段		
			长度/km	占总河长比例/%	长度/km	已治理比例/%	长度/km	治理达标比例/%	长度/km	占总河长比例/%	长度/km	已治理比例/%	长度/km	治理达标比例/%	
	沂沭泗水系		—	—	—	—	—	—	10838	68.6	6453	59.5	4570	70.8	
50		沂河	260	72.8	174	66.9	164	94.3	861	51.9	301	35	243	80.7	
51		沭河	250	80.6	187	75.1	172	91.8	411	46.6	234	57	210	89.7	
52	长江一级区		2668	42.4	1811	67.9	1140	62.9	118604	41.4	36246	30.6	16860	46.5	
53	雅砻江水系		132	8.1	0	0	0	—	1348	7.1	191	14.1	88	46.1	
54	岷江-大渡河水系		551	44.4	158	28.7	88	55.9	3982	22.2	887	22.3	555	62.5	以大渡河为主源，含原岷江干流段
55		岷江	327	55.1	205	62.9	105	51.1	1156	28.8	307	26.6	193	62.8	
56	嘉陵江水系		791	69.9	123	15.6	66	53.3	11288	43.2	1772	15.7	1098	62	
57		渠江	357	52.8	27	7.7	22	79.7	2529	39.7	299	11.8	182	60.8	
58		涪江	522	78.1	158	30.3	91	57.6	2493	40.1	403	16.2	296	73.6	
59	乌江-六冲河水系		370	37.4	26	6.9	21	82.9	3964	31.7	446	11.3	347	77.8	以六冲河为主源
60	汉江水系		1132	74.1	790	69.8	262	33.2	12882	48.4	5447	42.3	2402	44.1	
61		丹江	226	57.8	107	47.2	107	100	1305	49.1	691	53	465	67.3	
62		唐白河	309.6	85.3	188	60.7	35	18.5	2075	44.3	766	36.9	219	28.6	
	洞庭湖水系		—	—	—	—	—	—	25979	53.8	5889	22.7	2235	38	

191

续表

序号	水资源区或流域	主要河流	干流治理情况 有防洪任务河段 长度/km	占总河长比例/%	干流 已治理河段 长度/km	已治理比例/%	干流 治理达标河段 长度/km	治理达标比例/%	流域治理情况 有防洪任务河段 长度/km	占总河长比例/%	流域 已治理河段 长度/km	已治理比例/%	流域 治理达标河段 长度/km	治理达标比例/%	备注
63		湘江	664	70	250	37.7	149	59.9	10549	60.9	1460	13.8	942	64.5	
64		资水	503	76.1	234	46.5	120	51.3	3430	67.6	647	18.9	235	36.4	
65		沅江	552	52.4	146	26.4	132	91	5796	34.2	720	12.4	535	74.2	
66	鄱阳湖水系	赣江	643	80.8	267	41.5	129	48.2	16735	62	2498	14.9	1258	50.4	
67		抚河	240	69.7	204	85.1	114	56.1	8345	57.7	967	11.6	399	41.3	
68		信江	294	80.3	81	27.6	80	98.8	844	33.8	356	42.2	123	34.6	
	太湖水系		—	—	—	—	—	—	1827	66.6	205	11.2	170	83	
	东南诸河区		—	—	—	—	—	—	5196	79	3609	69.5	3114	86.3	
	钱塘江水系		—	—	—	—	—	—	15592	47.5	5765	37	3636	63.1	
69		新安江	584	95.9	425	72.9	273	64.1	5430	60.4	2722	50.1	1705	62.6	
70	瓯江水系		84	23.5	47	56.5	47	100	805	37.3	238	29.5	222	93.3	
71	闽江水系		214	56.8	117	54.9	111	94.9	1324	49.2	557	42.1	322	57.7	
72			284	49.4	66	23.3	50	75.7	3489	33.9	572	16.4	352	61.5	
73		富屯溪-金溪	166	52.2	26	15.7	26	100	1001	40.3	162	16.2	139	86	
74		建溪	85	33.1	26	30.3	10	38	794	29.6	121	15.3	35	28.7	

续表

序号	水资源区或流域	主要河流	干流治理情况						流域治理情况						备注
			有防洪任务河段		已治理河段		治理达标河段		有防洪任务河段		已治理河段		治理达标河段		
			长度/km	占总河长比例/%	长度/km	已治理比例/%	长度/km	治理达标比例/%	长度/km	占总河长比例/%	长度/km	已治理比例/%	长度/km	治理达标比例/%	
75	九龙江水系		106	34.8	56	53.4	41	72.9	1123	44.2	330	29.4	182	55.2	
	珠江一级区		—	—	—	—	—	—	36083	40.3	8830	24.5	5422	61.4	
76	西江水系	北盘江	935	44.8	324	34.7	296	91.4	16693	31	2246	13.5	1473	65.6	
77		柳江	32	7.0	14	43.4	2	17.1	1321	31.9	378	28.6	178	46.9	
78		郁江	168	22.6	27	16.3	19	70.6	2215	21.8	182	8.2	129	71.1	
79		桂江	407	35.1	84	20.6	70	83	3031	24.1	214	7.1	187	87.4	
80		贺江	310	70.8	77	24.8	19	24.5	1656	52.1	130	7.9	58	44.7	
81			280	79.5	12	4.4	12	100	721	37.3	49	6.8	36	73.3	
82	北江水系		394	82.9	181	45.9	103	56.9	4465	58.7	1077	24.1	391	36.3	
83	东江水系		370	73	143	38.6	78	54.5	2540	57.6	660	26	361	54.7	
	珠江三角洲水系		—	—	—	—	—	—	3496	81	2603	74.5	1801	69.2	
84	韩江水系		295	72.1	170	57.8	151	88.5	2628	54.6	708	26.9	561	79.2	
	海南岛诸河水系		—	—	—	—	—	—	533	11.5	173	32.4	155	89.6	

续表

序号	水资源区或流域	主要河流	干流治理情况						流域治理情况						备注
			有防洪任务河段		已治理河段		治理达标河段		有防洪任务河段		已治理河段		治理达标河段		
			长度/km	占总河长比例/%	长度/km	已治理比例/%	长度/km	治理达标比例/%	长度/km	占总河长比例/%	长度/km	已治理比例/%	长度/km	治理达标比例/%	
85		南渡江	73	21.8	35	48.4	31	88	75	6.5	38	49.9	33	88.8	
	西北诸河区		—	—	—	—	—	—	23774	8.5	3378	14.2	2123	62.9	
86	石羊河		207	86.3	99	48	99	100	842	37.4	106	12.6	105	99.2	
87	黑河		271	53.1	53	19.5	39	73.1	2636	37.6	287	10.9	213	74.3	
88	疏勒河		414	48.1	0	0	0	—	972	12.4	70	7.2	65	93.7	
89	柴达木河		45	8.4	33	72.4	33	100	100	2.9	39	39.3	39	100	
90	格尔木河		24	5.0	8	31.7	0	0	24	1	8	31.7	0	0	
91	奎屯河		79	21.2	33	41.5	23	69.7	199	6.2	66	33.1	37	56	
92	玛纳斯河		273.6	45	34	12.4	22	64.3	435	31.4	39	8.9	22	56	
93	孔雀河		127	16.1	74	58.3	7	9	127	12.6	74	58.3	7	9	
94	开都河		502	78	108	21.5	83	76.1	838	22.8	151	18	123	81.4	
95	塔里木河		1222	44.8	513	42	237	46.2	4855	14.4	1033	21.3	591	57.2	
96		木扎尔特河-渭干河	70	15.3	8	11.1	8	100	220	9.7	31	14.3	31	100	
97		和田河	0	0	0	—	0	—	25	0.5	19	76.2	19	100	
	合计		41254	58.3	20959	50.8	13028	62.2							

附表 D10　　　　　　　省级行政区中小河流治理及达标情况

省级行政区	河流总长度/km	有防洪任务河段		已治理河段①		治理达标河段	
		长度/km	占总河长比例/%	长度/km	已治理比例/%	长度/km	治理达标比例/%
全国	883753	225879	25.6	54020	23.9	26276	48.6
北京	1862	1580	84.9	460	29.1	379	82.5
天津	173	169	97.4	101	59.8	74	73.6
河北	15074	8251	54.7	2488	30.2	683	27.5
山西	16411	7082	43.2	2007	28.3	1022	50.9
内蒙古	89380	9557	10.7	957	10.0	479	50.0
辽宁	16588	8946	53.9	4122	46.1	2178	52.8
吉林	19918	8900	44.7	2214	24.9	959	43.3
黑龙江	45641	9465	20.7	2582	27.3	671	26.0
上海	—	—	—	—	—	—	—
江苏	2015	1633	81.0	865	53.0	669	77.3
浙江	10484	6517	62.2	2755	42.3	1723	62.6
安徽	17769	9430	53.1	4477	47.5	1484	33.1
福建	16124	5468	33.9	1097	20.1	670	61.1
江西	21043	12942	61.5	1183	9.1	507	42.8
山东	12907	8490	65.8	2787	32.8	1875	67.3
河南	22927	12702	55.4	5324	41.9	2363	44.4
湖北	21987	11024	50.1	4025	36.5	684	17.0
湖南	28538	14911	52.3	2323	15.6	1002	43.1
广东	21091	13131	62.3	3368	25.6	1326	39.4
广西	30039	8768	29.2	538	6.1	401	74.5
海南	3855	395	10.2	124	31.3	111	89.8
重庆	10463	2601	24.9	375	14.4	211	56.2
四川	54636	10821	19.8	1345	12.4	958	71.2
贵州	22051	5235	23.7	676	12.9	527	77.9
云南	37842	8836	23.3	2115	23.9	1299	61.4
西藏	115143	8309	7.2	336	4.0	184	54.9
陕西	24150	7509	31.1	2591	34.5	1676	64.7
甘肃	34409	12757	37.1	1372	10.8	982	71.6
青海	68677	2845	4.1	234	8.2	218	93.1
宁夏	5142	1615	31.4	260	16.1	249	95.7
新疆	97414	5992	6.2	921	15.4	713	77.4

注　已治理比例＝已治理河段长度/有防洪任务河段长度×100%；治理达标比例＝治理达标河段长度/已治理河段长度×100%。

附表 D11　　省级行政区不同污水来源入河湖排污口数量统计

省级行政区	入河湖排污口数量/个						
	总数量	规模以上入河湖排污口					
		小计	不同废污水来源				
			工业企业排污口	生活排污口	城镇污水处理厂	市政排污口	其他排污口
全国	120617	15489	6878	3586	2765	1591	669
北京	2301	290	45	152	57	20	16
天津	1257	93	13	23	23	21	13
河北	1021	290	127	38	85	29	11
山西	1141	341	169	70	56	22	24
内蒙古	374	153	57	28	51	7	10
辽宁	1325	295	75	75	73	46	26
吉林	743	180	63	35	42	36	4
黑龙江	667	260	79	77	40	57	7
上海	6862	169	40	8	54	66	1
江苏	7333	1003	531	76	328	33	35
浙江	24178	729	492	82	109	20	26
安徽	2399	519	185	146	100	42	46
福建	6845	577	399	71	58	18	31
江西	1999	540	248	115	101	67	9
山东	2165	535	294	25	176	21	19
河南	2492	663	324	140	133	30	36
湖北	4205	909	284	278	85	259	3
湖南	6888	1346	629	472	120	73	52
广东	15707	2214	767	642	309	371	125
广西	4721	702	305	224	77	56	40
海南	480	86	29	30	13	12	2
重庆	3942	915	486	222	127	79	1
四川	11284	1011	417	217	254	88	35
贵州	3408	394	204	73	92	5	20
云南	3216	545	337	74	75	21	38
西藏	230	15	0	4	1	10	0
陕西	2014	348	132	94	56	48	18
甘肃	899	174	70	51	17	24	12
青海	233	63	18	30	11	3	1
宁夏	101	52	26	4	18	3	1
新疆	187	78	33	10	24	4	7

附表 D12　省级行政区不同排污方式规模以上入河湖排污口数量统计

省级行政区	小计/个	入河湖排污方式规模以上排污口/个					
		明渠	暗管	泵站	涵闸	潜没	其他
全国	15489	6334	7092	498	1010	174	381
北京	290	112	133	1	33	2	9
天津	93	11	16	53	13	0	0
河北	290	91	155	13	4	1	26
山西	341	174	139	6	8	5	9
内蒙古	153	49	95	5	1	2	1
辽宁	295	88	168	15	13	0	11
吉林	180	52	115	4	9	0	0
黑龙江	260	110	118	15	14	2	1
上海	169	19	137	4	0	9	0
江苏	1003	278	573	70	36	25	21
浙江	729	252	398	13	10	15	41
安徽	519	185	194	56	71	4	9
福建	577	300	211	1	26	9	30
江西	540	199	236	19	65	10	11
山东	535	289	212	8	19	3	4
河南	663	306	310	9	29	5	4
湖北	909	321	342	79	136	7	24
湖南	1346	572	552	38	136	10	38
广东	2214	737	1047	69	321	28	12
广西	702	397	283	4	10	0	8
海南	86	43	38	1	1	0	3
重庆	915	440	426	4	14	11	20
四川	1011	457	500	0	16	9	29
贵州	394	279	79	3	2	8	23
云南	545	291	210	2	12	2	28
西藏	15	3	12	0	0	0	0
陕西	348	127	207	2	6	0	6
甘肃	174	62	103	0	1	3	5
青海	63	18	39	0	0	4	2
宁夏	52	31	17	2	2	0	0
新疆	78	41	27	2	2	0	6

97 条主要河流排污口数量统计

附表 D13

序号	水资源区或流域	主要河流	干流排污口数量/个								流域排污口数量/个		
			总计	规模以下	规模以上						总计	规模以下	规模以上
					小计	工业企业排污口	生活排污口	城镇污水处理厂	市政排污口	其他排污口			
	松花江一级区		—	—	—	—	—	—	—	—	—	—	419
1	松花江流域	松花江	85	43	42	17	11	9	4	1	961	631	330
2		洮儿河	3	0	3	1	0	0	2	0	9	1	8
3		霍林河	2	0	2	0	1	1	0	0	2	0	2
4		雅鲁河	5	3	2	1	0	1	0	0	6	4	2
5		诺敏河	0								0		
6		第二松花江	49	30	19	12	0	4	3	0	355	279	76
7		呼兰河	20	5	15	2	1	4	7	1	43	19	24
8		拉林河	5	2	3	0	0	1	2	0	31	19	12
9		牡丹江	23	12	11	4	1	1	4	1	86	51	35
	辽河一级区		—	—	—	—	—	—	—	—	—	—	382
10	辽河流域	辽河	11	5	6	0	0	5	1	0	859	601	258
11		乌力吉木仁河	1	0	1	0	0	1	0	0	11	6	5
12		老哈河	14	10	4	0	2	2	0	0	67	46	21
13		东辽河	30	26	4	1	0	3	0	0	47	39	8
14		绕阳河	2	0	2	0	1	1	0	0	19	13	6
15		浑河	56	37	19	4	5	6	1	3	428	266	162

续表

序号	水资源区或流域	主要河流	干流排污口数量/个								流域排污口数量/个		
			总计	规模以下	规模以上						总计	规模以下	规模以上
					小计	工业企业排污口	生活排污口	城镇污水处理厂	市政排污口	其他排污口			
	东北沿黄渤海诸河												66
16		大凌河	12	5	7	2	0	4	1	0	43	18	25
	海河一级区		—	—	—	—	—	—	—	—	5544	4541	1003
17	滦河水系	滦河	25	12	13	4	2	4	2	1	315	284	31
	北三河水系		—	—	—	—	—	—	—	—	2064	1741	323
18		潮白河	26	12	14	2	5	3	4	0	284	255	29
19		潮白新河	3	3	—	—	—	—	—	—	3	3	—
20	永定河水系	永定河	101	89	12	4	3	3	1	1	260	183	77
21		洋河	3	0	3	0	0	3	0	0	22	12	10
	大清河水系		—	—	—	—	—	—	—	—	—	—	146
22		唐河	2	0	2	1	0	1	0	0	5	3	2
23		拒马河	19	18	1	0	1	0	0	0	22	21	1
	子牙河水系		—	—	—	—	—	—	—	—	—	—	107
24		滹沱河	17	4	13	8	1	3	1	0	133	88	45
25		滏阳河	19	9	10	5	2	2	1	0	39	16	23
	漳卫河水系		—	—	—	—	—	—	—	—	489	325	164
26		漳河	28	11	17	12	3	1	1	0	128	71	57

续表

序号	水资源区或流域	主要河流	干流排污口数量/个								流域排污口数量/个		
			总计	规模以下	规模以上						总计	规模以下	规模以上
					小计	工业企业排污口	生活排污口	城镇污水处理厂	市政排污口	其他排污口			
27		卫河	35	30	5	2	0	2	0	1	270	190	80
28	黄河一级区	黄河	249	181	68	24	23	10	4	7	4136	3181	955
29	洮河水系	洮河	34	32	2	2	0	0	0	0	99	97	2
30	湟水-大通河水系	湟水-大通河	11	8	3	0	2	0	0	1	197	139	58
31		湟水	100	68	32	15	9	6	2	0	182	131	51
32	无定河水系	无定河	27	23	4	2	0	1	1	0	138	130	8
33	汾河水系	汾河	156	123	33	8	4	11	3	7	511	422	89
34	渭河水系	渭河	247	176	71	28	23	10	7	3	1108	814	294
35		泾河	29	14	15	9	2	2	2	0	206	147	59
36		北洛河	21	14	7	5	0	2	0	0	114	88	26
37	伊洛河水系	伊洛河	125	99	26	12	0	8	0	6	410	334	76
38	沁河水系	沁河	14	9	5	3	1	1	0	0	158	90	68
39	大汶河水系	大汶河	16	9	7	3	0	4	0	0	97	76	21
	淮河一级区流域		—	—	—	—	—	—	—	—	—	—	1331
40	淮河干流洪泽湖以上段	淮河干流洪泽湖以上	68	32	36	7	4	10	9	6	2210	1540	670
41		洪汝河	4	4							56	23	33

续表

序号	水资源区或流域	主要河流	干流排污口数量/个 总计	规模以下	规模以上 小计	工业企业排污口	生活排污口	城镇污水处理厂	市政排污口	其他排污口	流域排污口数量/个 总计	规模以下	规模以上
42		史河	13	5	8	4	3	1	0	0	47	37	10
43		溮河	34	9	25	17	6	2	0	0	53	27	26
44		沙颍河	51	21	30	7	10	7	2	4	382	197	185
45		茨淮新河	4	4							45	33	12
46		涡河	141	112	29	10	7	3	6	3	407	311	96
47		怀洪新河	15	4	11	7	1	1	0	2	141	45	96
	淮河洪泽湖以下水系										2217	2086	131
48		淮河入海水道	4	1	3	2	0	1	0	0	—	—	
49		淮河（下游入江水道）	2	1	1	1	0	0	0	0			
	沂沭泗水系										—	—	338
50		沂河	28	21	7	3	0	4	0	0	260	208	52
51		沭河	16	14	2	2	0	0	0	0	63	53	10
52	长江一级区	长江	1585	1002	583	255	94	117	98	19	46407	39930	6477
53	雅砻江水系	雅砻江	21	18	3	2	0	1	0	0	298	258	40
54	岷江-大渡河水系	岷江-大渡河	373	325	48	29	2	11	4	2	3014	2733	281
55		岷江	294	253	41	23	3	14	0	1	888	783	105
56	嘉陵江水系	嘉陵江	446	361	85	33	21	14	17	0	5070	4513	557

续表

序号	水资源区或流域	主要河流	干流排污口数量/个								流域排污口数量/个		
			总计	规模以下	规模以上						总计	规模以下	规模以上
					小计	工业企业排污口	生活排污口	城镇污水处理厂	市政排污口	其他排污口			
57		渠江	248	220	28	7	10	3	4	4	1594	1495	99
58		涪江	294	225	69	38	12	9	6	4	1452	1194	258
59	乌江-六冲河水系	乌江-六冲河	179	151	28	12	9	6	0	1	1885	1552	333
60	汉江水系	汉江	247	158	89	16	29	12	31	1	2038	1661	377
61		丹江	21	18	3	2	0	1	0	0	162	147	15
62		唐白河	28	21	7	2	4	0	1	0	214	157	57
	洞庭湖水系										7654	6158	1496
63		湘江	477	331	146	65	35	15	25	6	3670	3043	627
64		资水	238	166	72	36	25	4	1	6	995	742	253
65		沅江	185	135	50	25	15	9	1	0	1934	1621	313
	鄱阳湖水系										1935	1449	486
66		赣江	137	85	52	24	4	13	10	1	1017	757	260
67		抚河	75	61	14	7	3	4	0	0	282	247	35
68		信江	62	35	27	13	2	7	4	1	191	129	62
	太湖水系		—	—	—	—	1	—	—	—	9717	9005	712
	东南诸河区		—	—	—	—	—	—	—	—	—	—	1175
69	钱塘江水系	钱塘江	411	350	61	34	1	21	2	3	5185	4817	368

续表

序号	水资源区或流域	主要河流	干流排污口数量/个								流域排污口数量/个		
			总计	规模以下	规模以上						总计	规模以下	规模以上
					小计	工业企业排污口	生活排污口	城镇污水处理厂	市政排污口	其他排污口			
70		新安江	146	133	13	8	1	4	0	0	405	366	39
71	瓯江水系	瓯江	520	499	21	6	2	8	4	1	2583	2517	66
72	闽江水系	闽江	324	254	70	55	3	7	2	3	2699	2407	292
73		富屯溪-金溪	120	106	14	11	0	2	0	1	599	538	61
74		建溪	211	185	26	23	0	2	1	0	634	570	64
75	九龙江水系	九龙江	117	101	16	6	8	1	0	1	724	643	81
	珠江一级区		—	—	—	—	—	—	—	—	—	—	3332
76	西江水系	西江	186	114	72	34	13	14	9	2	5792	4857	935
77		北盘江	62	46	16	14	0	2	0	0	876	729	147
78		柳江	105	69	36	21	3	9	2	1	1093	959	134
79		郁江	258	169	89	43	27	10	2	7	998	749	249
80		桂江	83	65	18	6	7	3	0	2	459	414	45
81		贺江	54	32	22	2	3	2	14	1	117	81	36
82	北江水系	北江	80	47	33	5	10	4	8	6	731	550	181
83	东江水系	东江	144	90	54	14	26	7	7	0	1465	1155	310
	珠江三角洲水系										10762	9678	1084

续表

序号	水资源区或流域	主要河流	干流排污口数量/个								流域排污口数量/个		
			总计	规模以下	规模以上						总计	规模以下	规模以上
					小计	工业企业排污口	生活排污口	城镇污水处理厂	市政排污口	其他排污口			
84	韩江水系	韩江	93	77	16	1	9	5	0	1	1301	1204	97
85	海南岛诸河水系	南渡江	31	22	9	0	8	0	1	0	481	394	87
	西北诸河区		—	—	—	—	—	—	—	—	—	—	124
86		石羊河	1	0	1	0	1	0	0	0	13	3	10
87		黑河	1	0	1	1	0	0	0	0	28	18	10
88		疏勒河	0								3	1	2
89		柴达木河	0								1	0	1
90		格尔木河	0								0		
91		奎屯河	1	0	1	0	0	1	0	0	2	0	2
92		玛纳斯河	5	0	5	0	0	3	2	0	6	1	5
93		孔雀河	0								0		
94		开都河	0								0		
95		塔里木河	0								38	23	15
96		木扎尔特河-渭干河	1	0	1	0	1	0	0	0	19	17	2
97		和田河	4	4	—						4	4	
	合 计		9873	7278	2595	1126	525	494	327	123			

附录E 附图

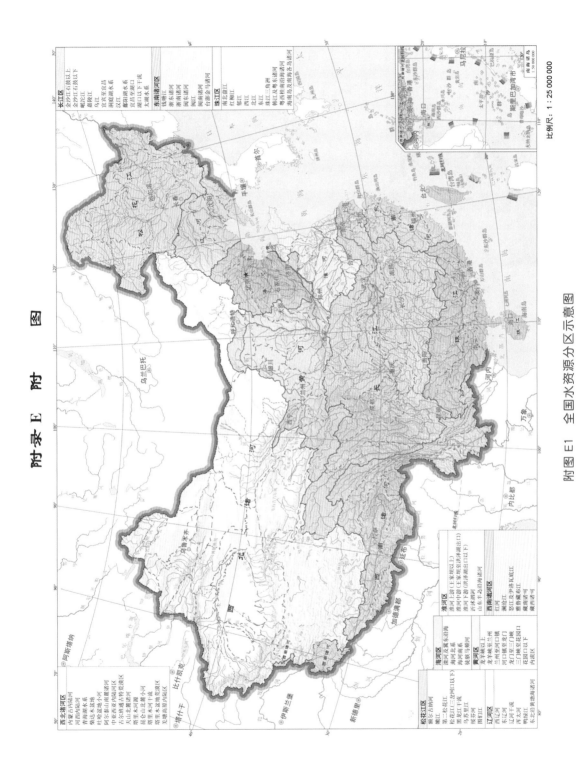

长江区
钱塘江
金沙江石鼓以上
金沙江石鼓以下
岷沱江
嘉陵江
乌江
宜宾至宜昌
洞庭湖水系
汉江
鄱阳湖水系
宜昌至湖口
湖口以下干流
太湖水系

东南诸河区
钱塘江
浙东诸河
浙南诸河
闽东诸河
闽江
闽南诸河
台湾岛诸河

珠江区
南北盘江
红柳江
郁江
西江
北江
东江
珠江三角洲
韩江及粤东诸河
粤西桂南沿海诸河
海南岛及南海各岛诸河
台澎金马诸河

西北诸河区
内蒙古内陆河
河西内陆河
青海湖水系
柴达木盆地
吐哈盆地小河
阿尔泰山南麓诸河
中亚西亚内陆河区
古尔班通古特荒漠区
天山北麓诸河
塔里木河源
昆仑山北麓小河
塔里木内陆河
羌塘高原内陆区
藏南内陆区

松花江区
黑龙江干流
额尔古纳河
嫩江
第二松花江
松花江(三岔河口以下)
黑龙江干流
乌苏里江
绥芬河
图们江

辽河区
西辽河
东辽河
辽河干流
浑太河
鸭绿江
东北沿黄渤海诸河

海河区
滦河及冀东沿海
海河北系
海河南系
徒骇马颊河

黄河区
龙羊峡以上
龙羊峡至兰州
兰州至河口镇
河口镇至龙门
龙门至三门峡
三门峡至花园口
花园口以下
内流区

淮河区
淮河上游(王家坝以上)
淮河中游(王家坝至洪泽湖出口)
淮河下游(洪泽湖出口以下)
沂沭泗河
山东半岛沿海诸河

西南诸河区
红河
澜沧江
怒江及伊洛瓦底江
雅鲁藏布江
藏南诸河
藏西诸河

附图E1 全国水资源分区示意图

比例尺：1：25 000 000

205

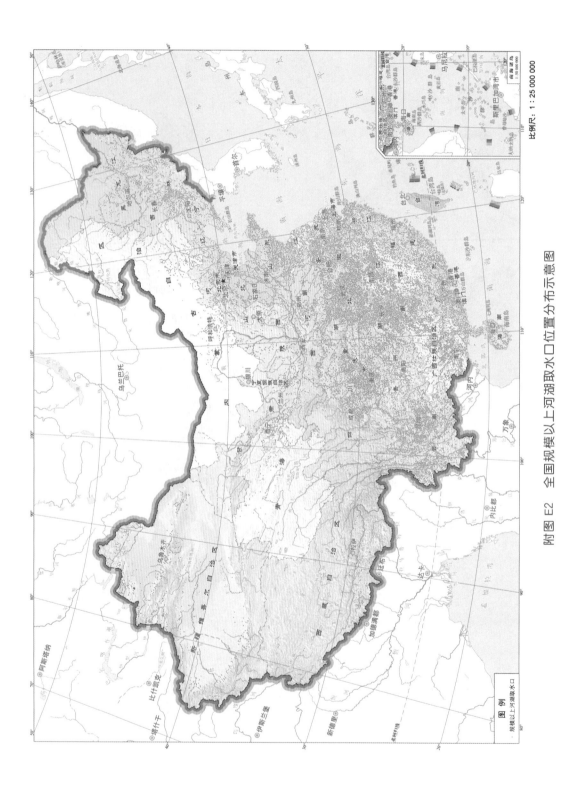

附图 E2　全国规模以上河湖取水口位置分布示意图

比例尺：1∶25 000 000

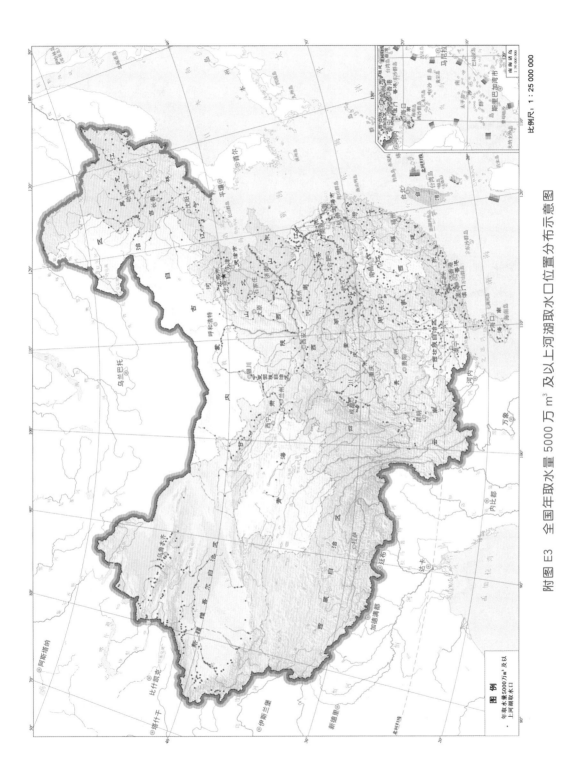

附图 E3 全国年取水量 5000 万 m³ 及以上河湖取水口位置分布示意图

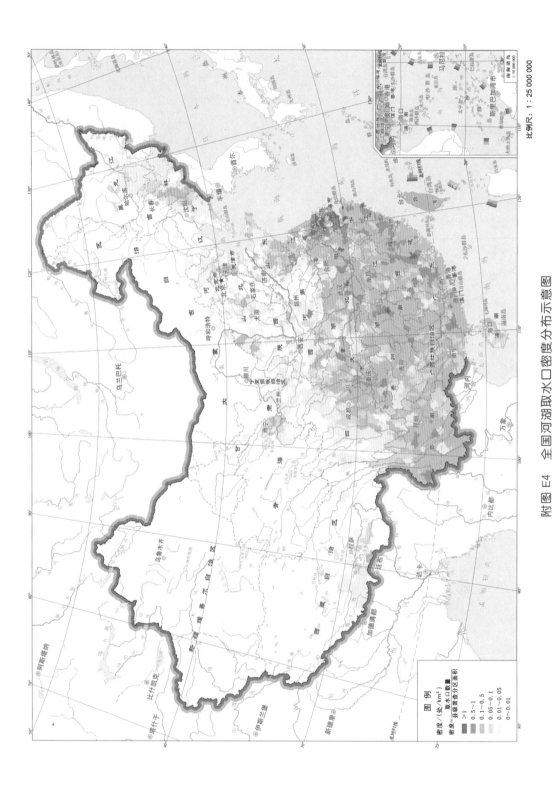

附图 E4 全国河湖取水口密度分布示意图

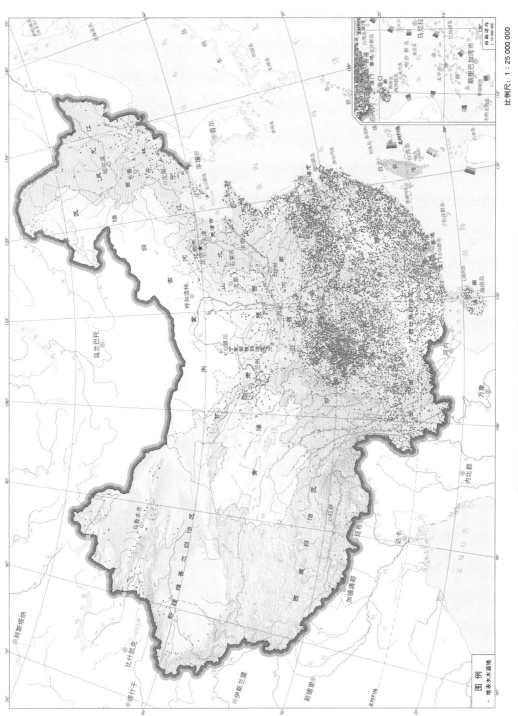

附图 E5　全国地表水水源地位置分布示意图

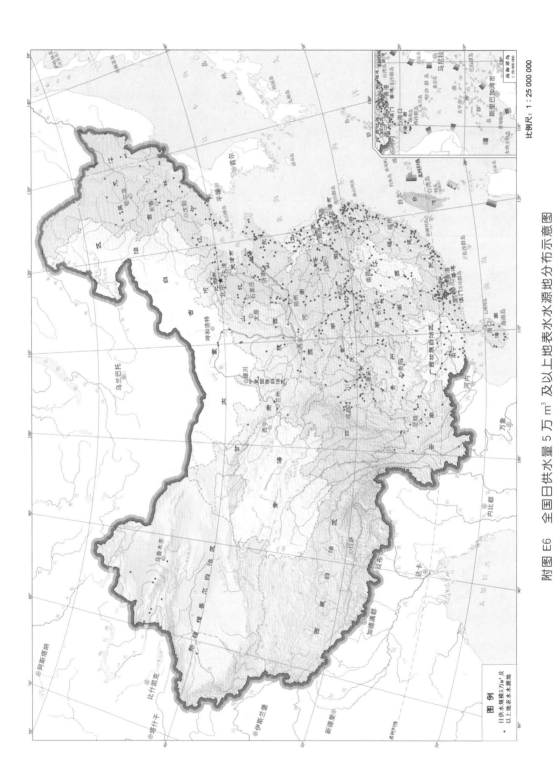

附图 E6　全国日供水量 5 万 m³ 及以上地表水水源地分布示意图

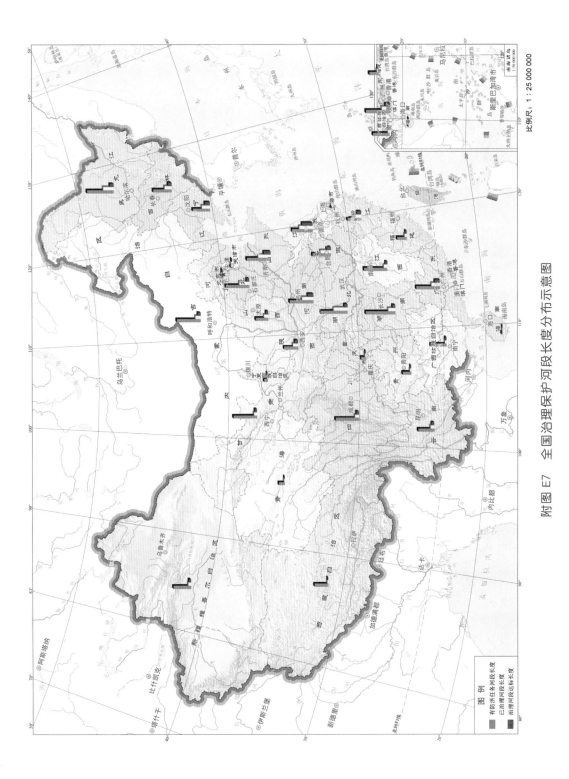

附图 E7　全国治理保护河段长度分布示意图

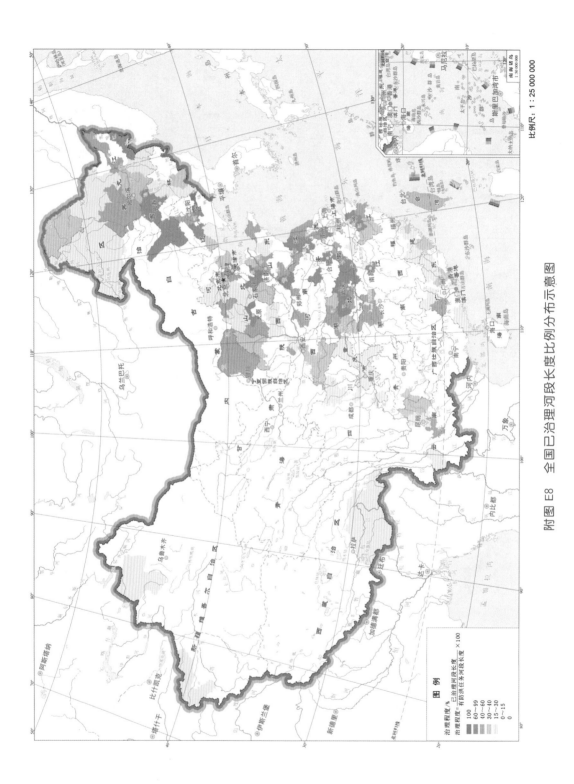

附图 E8 全国已治理河段长度比例分布示意图

比例尺：1 : 25 000 000

图 例

治理程度/% 已治理河段长度
治理程度=有防洪任务河段长度×100

100
60~99
40~60
30~40
15~30
0~15